AF501710

N° D'ORDRE
25

THÈSES

PRÉSENTÉES

A LA FACULTÉ DES SCIENCES DE LYON

POUR OBTENIR

LE TITRE DE DOCTEUR ÈS SCIENCES MATHÉMATIQUES

PAR

M. JOANNY LAGRULA

Préparateur d'Astronomie à la Faculté des Sciences de Lyon.
Assistant à l'Observatoire de Lyon.

1re THÈSE. — Étude sur les occultations d'amas d'étoiles par la lune, avec un catalogue normal des Pléiades.

2e THÈSE. — Propositions données par la Faculté.

Soutenues le 1901, devant la Commission d'examen

MM. Ch. ANDRÉ. . . . *Président.*
FLAMME . . . } *Examinateurs.*
VESSIOT . . . }

LYON
A. REY, IMPRIMEUR-ÉDITEUR DE L'UNIVERSITÉ
4, RUE GENTIL, 4
—
1901

UNIVERSITÉ DE LYON

FACULTÉ DES SCIENCES

Doyen

M. DEPÉRET, I. ✿. Correspondant de l'Institut.

Assesseur

M. BARBIER, ✻, I. ✿.

Professeur honoraire

M. LAFON, ✻, I. ✿.

Professeurs

MM. ANDRÉ, ✻, I. ✿. . . . . . . *Astronomie physique.*
BARBIER, ✻, I. ✿. . . . . . *Chimie générale.*
GOUY, I. ✿ . . . . *Physique.*
GÉRARD, I. ✿ . . . . *Botanique.*
DUBOIS, ✻, I. ✿ . . . . . . *Physiologie générale et comparée.*
DEPÉRET, I. ✿. . . . . . . *Géologie.*
KOEHLER, I. ✿. . . . . . . *Zoologie.*
OFFRET, I. ✿ . . . . *Minéralogie théorique et appliquée.*
VIGNON, I. ✿ . . . . *Chimie appliquée à l'industrie et à l'agriculture.*
FLAMME, I. ✿ . . . . *Mathématiques appliquées.*
VESSIOT, I. ✿. . . . . . . *Mathématiques pures.*

Professeur adjoint

MM VAUTIER, I. ✿. . . . . . . *Physique.*

Chargés de cours et Maîtres de conférences

MM. GONNESSIAT, I. ✿ . . . . . *Astronomie.*
AUTONNE, I. ✿ . . . . . . *Mathématiques.*
CARTAN, A. ✿. . . . . . . *Mathématiques.*
COUTURIER, A. ✿ . . . . . *Chimie appliquée*
RIGOLLOT, I. ✿ . . . . . . *Physique industrielle.*
RICHE, I. ✿. . . . . *Géologie.*
COUVREUR, I. ✿. . . . . . *Physiologie.*
RAY, A. ✿ . . . . *Botanique.*
WEISS, A. ✿ . . . . *Physique.*
DARBOUX, A. ✿ . . . . . . *Zoologie.*
TISSIER, A. ✿ . . . . . . *Chimie générale.*

Secrétaire

M. BEAUDUN, I. ✿.

PREMIÈRE THÈSE.

ÉTUDE

SUR LES

OCCULTATIONS D'AMAS D'ÉTOILES

PAR LA LUNE

AVEC UN

CATALOGUE NORMAL DES PLÉIADES.

INTRODUCTION.

LES OBSERVATIONS D'OCCULTATION EN GÉNÉRAL, LEUR UTILITÉ ET LEUR CLASSIFICATION.

Parmi les observations astronomiques, l'une des plus aisées, en même temps que des plus fécondes en ses résultats, est assurément celle des phénomènes d'occultation, c'est-à-dire celle des instants d'*immersion* ou d'*émersion* d'une étoile éclipsée par la Lune.

Le but presque exclusif autrefois de ce genre d'observation était la détermination des longitudes. Il est devenu secondaire dans les temps modernes et, maintenant que les positions des observatoires sont en général bien connues, les occultations observées constituent de précieux documents pour l'étude du mouvement, de la distance, des dimensions et même de l'aspect physique de notre satellite.

A ce point de vue, les occultations se partagent naturellement en deux classes : la première comprend les séries où l'on dispose d'un grand nombre de phénomènes observés en un même lieu ou en des lieux différents, mais *à la même époque;* ce sont les occultations d'amas de belles étoiles, telles que les Pléiades, ou celles d'étoiles plus faibles observées sur les deux bords de la Lune à la faveur d'une éclipse, ou seulement sur le bord obscur en temps ordinaire. Chaque série peut alors être discutée en vue d'obtenir, à l'époque moyenne, les coordonnées (ascension droite et déclinaison), le demi-diamètre et parfois aussi la parallaxe de la Lune. Le présent Mémoire se rapporte presque exclusivement à l'étude de cette première classe d'occultations.

La deuxième classe comprend les observations de ces phénomènes dont le nombre trop restreint ne permet pas de calculer avec assez de précision la position de la Lune pour chaque date. Voici les deux méthodes employées pour leur discussion :

1° On peut, comme l'ont fait M. Breen ([1]) et M. Neison ([2]), pour les occultations observées à Greenwich, Oxford et Cambridge de 1830 à 1871, admettre que les positions de la Lune sont suffisamment bien déterminées par les mesures directes (méridiennes, altazimutales) et se borner à déterminer le demi-diamètre et la parallaxe.

2° Dans l'équation de condition que fournit chaque phénomène observé, on peut encore remplacer par leur expression les inconnues relatives à la position de notre satellite, en fonction de ses éléments et des coefficients de ses inégalités. C'est ainsi que, dans un travail magistral, M. Newcomb ([3]) a procédé,

---

([1]) AIRY, *On the value of the Moon's semi-diameter, as obtained by the investigations of Hugh Breen, esq., from occultations observed at Cambridge and Greenwich* (*Greenwich observations*, 1864, app. I).

([2]) NEISON, *On the Lunar semi-diameter derived from occultations of Stars* (*Monthly Notices*, Vol. XXXIV, p. 356).

([3]) S. NEWCOMB, *Researches on the motion of the Moon*; Washington, 1878.

pour comparer la théorie de Hansen à des observations faites à une époque (1620-1750) où les mesures méridiennes étaient encore peu précises, et que, plus récemment, M. Battermann [1] a discuté une série d'occultations observées à Berlin en 1884-1885.

---

[1] BATTERMANN, *Beiträge zur Bestimmung der Mondbewegung und der Sonnenparallaxe aus Beobachtungen von Sternbedeckungen* (*Beobachtungs-Ergebnisse der Königlichen Sternwarte zu Berlin*, Heft n° 5).

PREMIÈRE PARTIE.

LES OCCULTATIONS DE GROUPES D'ÉTOILES PAR LA LUNE.

CHAPITRE I.

GÉNÉRALITÉS.

Il arrive parfois que, dans sa trajectoire apparente, la Lune se projette sur un amas d'étoiles, tel que les Pléiades, les Hyades, Prœsepe, etc. Il est alors possible, si les circonstances sont favorables, d'observer en quelques heures une série nombreuse d'occultations. A cet égard, l'attention des astronomes s'est toujours plus particulièrement portée sur le groupe des Pléiades, à cause du grand nombre d'étoiles brillantes qu'il renferme. C'est donc celui pour lequel des observations de ce genre ont été le plus fréquemment répétées.

1. Équation de condition. — Un phénomène d'occultation observé fournit la condition suivante : à l'instant noté, la *distance angulaire apparente vraie* de l'étoile au centre du disque lunaire est égale au *demi-diamètre apparent vrai* de notre satellite. Cette condition géométrique se traduit analytiquement par la relation linéaire suivante que nous établirons plus tard :

$$D - r = \Delta r + A[\Delta\alpha_{☾} - \Delta\alpha_{*}] + B[\Delta\delta_{☾} - \Delta\delta_{*}] + a\,\Delta\theta + b\,\Delta\pi,$$

entre la correction Δr à apporter au demi-diamètre géocentrique tabulaire r et les corrections aux éléments (ascension droite et déclinaison de la Lune et de l'étoile $\alpha_{☾}$, $\delta_{☾}$; α_{*}, δ_{*}, temps d'observation θ, parallaxe π) servant à calculer la distance angulaire géocentrique D.

Dans l'intervalle de temps, relativement court, pendant lequel on observe les occultations d'un groupe d'étoiles, on peut admettre que les corrections $\Delta\alpha_{☾}$, $\Delta\delta_{☾}$, à apporter aux tables de notre satellite sont constantes ou, tout au moins, varient proportionnellement au temps. D'un autre côté, si les positions des étoiles ont été déterminées avec soin, on a le droit de négliger les quantités $\Delta\alpha_*$, $\Delta\delta_*$. En effet, ces corrections, d'ailleurs petites, ne peuvent provenir que de deux causes :

1° D'une erreur sur la position absolue du groupe dans le ciel, erreur qui se reportera sur la position absolue de la Lune.

2° Des erreurs altérant les positions relatives des étoiles dans le groupe, et auxquelles on peut admettre un caractère accidentel. Ainsi l'équation de condition se réduit à

$$D - r = \Delta r + A\,\Delta\alpha + B\,\Delta\delta + a\,\Delta\theta + b\,\Delta\pi,$$

où $\Delta\alpha$, $\Delta\delta$ représentent, à l'époque moyenne d'observation, les corrections aux positions tabulaires de la Lune, affectées de la petite erreur que nous venons de signaler.

2. Mode de discussion. Remarque sur le terme $a\,\Delta\theta$. — Il devient alors possible de combiner entre elles les équations de condition fournies par les divers phénomènes observés. Dans ce but, on emploie le plus souvent la méthode des moindres carrés : on forme donc des équations normales dont on tire la valeur la plus probable des différentes inconnues Δ. Toutefois, nous ferons une restriction importante au sujet de l'inconnue $\Delta\theta$, qui représente la somme des erreurs affectant la longitude et les temps d'observation.

On se rend aisément compte, à priori, que cette quantité $\Delta\theta$ est inséparable des inconnues $\Delta\alpha$, $\Delta\delta$. En effet, si μ et ν sont les mouvements de la Lune en ascension droite et en déclinaison et si l'on néglige l'influence de la parallaxe, on voit que l'addition d'une constante $\Delta\theta$, à tous les temps observés, a pour seul résultat de corriger de quantités constantes $\mu\,\Delta\theta$, $\nu\,\Delta\theta$, les coordonnées de notre satellite; c'est, d'ailleurs, précisément par la comparaison des résultats trouvés en des lieux différents pour ces coordonnées que les occultations permettent de déterminer leurs différences de longitude.

On peut donc, à la rigueur, et comme on le fait souvent, supprimer le terme $\Delta\theta$ des équations de condition; mais alors les inconnues $\Delta\alpha$ et $\Delta\delta$ sont affectées des erreurs $\mu\Delta\theta$, $\nu\Delta\theta$. Nous croyons préférable de conserver ce terme, qui est nécessaire pour la recherche des erreurs d'observation au moyen des résidus. On suppose alors les autres inconnues exprimées en fonction de $\Delta\theta$ que l'on considère comme indéterminée dans la résolution des équations normales.

3. **Objet théorique et pratique de cette discussion.** — Ainsi théoriquement il semble que les occultations d'un amas d'étoiles par la Lune puissent fournir sa parallaxe, son demi-diamètre et ses coordonnées (ces dernières affectées de l'erreur moyenne des temps d'observation).

Mais dans la pratique ces différentes quantités ne se déterminent pas avec la même précision. En particulier la parallaxe ne se sépare pas toujours très bien des autres inconnues; elle en est seulement d'autant plus distincte que la variation de distance zénithale de la Lune a été plus rapide pendant l'observation. A cet égard les occultations de groupes observées à la même époque en différents lieux fournissent le plus souvent de bons résultats.

D'ailleurs, la parallaxe est actuellement connue avec une exactitude supérieure à celle de ces déterminations individuelles, de sorte qu'au point de vue du calcul du demi-diamètre et des coordonnées de la Lune, il est préférable de considérer l'inconnue $\Delta\pi$ comme indéterminée en procédant ainsi qu'on l'a fait pour $\Delta\theta$. Aussi les astronomes qui ont discuté des occultations d'amas présentent-ils généralement leurs résultats relatifs au demi-diamètre et à la position de notre satellite comme dépendant encore de la correction $\Delta\pi$ à appliquer à la parallaxe qu'ils ont adoptée, correction qui devra reposer sur un grand nombre de déterminations particulières de cette quantité.

Le demi-diamètre, l'ascension droite et la déclinaison de la Lune se séparent ordinairement bien dans la résolution des équations normales, surtout si les observations comprennent les deux *phases*, immersions et émersions, bien distribuées sur le contour de la Lune. Malgré cela nous verrons (40) que, par la discussion des phénomènes observés sur un seul bord, il n'est pas toujours possible d'obtenir avec assez de précision le demi-diamètre distinct de l'ascension droite. Dans ce cas, on a encore avantage à considérer la correction Δr comme indéterminée, et l'on présente les résultats relatifs à la position de la Lune comme dépendant aussi de cette correction.

4. **Parallèle entre les occultations d'amas et les observations méridiennes.** — Au point de vue de la détermination des positions de notre satellite, il existe une certaine analogie entre les occultations de groupes d'étoiles et les observations de la Lune aux instruments méridiens. En effet, par l'un comme par l'autre procédé de mesure, cette détermination repose, en définitive, sur la comparaison de la Lune aux étoiles voisines. Mais la méthode méridienne fait intervenir l'usage d'un instrument auxiliaire, le micromètre, ce qui est une cause d'erreurs accidentelles à laquelle échappe la méthode des occultations. Cette dernière présente, de ce fait, une supériorité que les considérations suivantes vont notablement accroître.

Dans les mesures méridiennes, excepté les toutes modernes faites sur un point très voisin du centre (cratère Mösting), l'ascension droite de la Lune est déterminée par l'observation d'un seul bord du disque (bord brillant); elle reste, par suite, affectée de l'erreur du *demi-diamètre télescopique* adopté dans les réductions, demi-diamètre variable d'ailleurs avec la grandeur de l'objectif et les conditions atmosphériques [1]. A cette cause d'erreur, en ascension droite, se joint naturellement,

---

[1] CH. ANDRÉ. I. *Étude de la diffraction dans les instruments d'optique* (*Ann. de l'École Normale supérieure*, 1876); II. *Comparaison des effets optiques des petits et des grands instruments d'Astronomie*, Lyon, 1889.

de même qu'en déclinaison, l'irrégularité physique que peut présenter le disque lunaire au point de tangence des fils du micromètre. Ces inconvénients disparaissent par l'emploi des occultations d'un groupe d'étoiles, puisque, d'une part, ces observations permettent de déterminer séparément le *demi-diamètre géométrique* et les cordonnées de notre satellite et que, d'autre part, ces dernières reposant alors sur des observations faites en différents points du disque, on peut admettre que les irrégularités de la Lune se compensent.

Les observations par passages sont, en outre, affectées de l'erreur systématique particulière connue sous le nom d'*équation personnelle*. Non seulement cette erreur n'est pas la même pour une étoile que pour la Lune, mais encore elle est variable avec l'éclat de l'étoile, l'âge de notre satellite et le bord observé (1); et, comme les valeurs de cette équation et de ses variations ne sont pas, en général, suffisamment connues, il s'introduit de ce fait sur les temps d'observation une erreur qui se reporte intégralement sur l'ascension droite de la Lune. A la vérité, il existe bien des équations systématiques analogues dans les observations d'occultations; mais leur influence sur la position de notre satellite est ici considérablement diminuée : une erreur de 1^s sur le temps noté d'un phénomène n'apporte guère, en effet, qu'un changement de $0^s,03$ à $0^s,04$ à cette position.

Enfin, les causes d'erreur provenant soit de la *diffraction*, soit d'un état atmosphérique anormal, telles que les *réfractions latérales* soupçonnées dans les observations méridiennes, n'interviennent pas dans les occultations, pourvu que l'on adopte pour le véritable instant du phénomène celui de la disparition ou de la réapparition brusques de l'étoile.

On peut donc s'attendre à obtenir par les occultations d'amas d'étoiles des positions singulièrement précises de notre satellite.

(1) F. GONNESSIAT, *Recherches sur l'équation personnelle* (*Ann. de l'Université de Lyon*, t. III; 1892).

C'est bien ce qui a lieu, en fait, car l'erreur probable de ces déterminations, soit en ascension droite, soit en déclinaison, atteint rarement $0'',45 = 0^s,03$ et descend parfois au-dessous de $0'',15 = 0^s,01$. Il y aurait donc, ainsi que l'a proposé M. Newcomb dans un récent Congrès, de réels avantages à baser la théorie de la Lune spécialement sur ce genre d'observations.

5. **Étude physique de la Lune au moyen des occultations d'amas. Utilisation des résidus.** — Au point de vue de l'étude physique de la Lune, ces observations peuvent encore nous fournir des données de la plus grande importance.

Tout d'abord la constatation d'un écart *réel* entre le demi-diamètre d'occultation et le demi-diamètre déduit de mesures directe offrirait un haut intérêt relativement à l'existence d'une atmosphère lunaire. Cet écart pourrait, en effet, s'expliquer par la réfraction que subirait, au sein de cette atmosphère, le rayon lumineux émis par l'étoile. Nous reviendrons sur ce sujet dans la troisième partie de ce Mémoire.

D'un autre côté, les résidus de la discussion des équations de condition par les moindres carrés ne doivent pas seulement servir à calculer les erreurs moyennes des résultats; ils sont encore d'une utilité toute particulière pour l'étude de la configuration de notre satellite dans les régions voisines des bords. En effet, chacun de ces résidus est composé de deux parties : l'une, provenant des erreurs sur le temps noté et sur la position adoptée de l'étoile; l'autre, de la hauteur du *point* de la Lune *coïncidant* avec l'étoile à l'instant du phénomène, au-dessus ou au-dessous du niveau moyen correspondant au demi-diamètre d'occultation calculé. Pour fixer les idées, supposons qu'un certain nombre des occultations d'un groupe d'étoiles aient été bien observées sur le même point du disque; les résidus correspondants étant relatifs à différentes étoiles, leur première partie deviendra accidentelle dans l'ensemble de ces résidus, et leur moyenne représentera la hauteur du point de la Lune considéré.

Il ne faut pas se dissimuler que, dans la pratique, il sera excessivement rare que des phénomènes d'occultation aient été observés exactement sur le même point géométrique du disque lunaire, mais il n'est pas douteux que l'on puisse, par des groupements convenables des résidus, obtenir ainsi tout au moins le relief *moyen* des contrées avoisinant le contour de notre satellite. A cet égard, dans la discussion de chaque série d'occultations, il paraît nécessaire de fournir la position sélénographique des points coïncidants, avec assez de précision pour que, les observations venant à être souvent répétées, on ait des données qui permettent de grouper les résidus dans des plages lunaires de plus en plus restreintes. Or, sur la Lune une distance de 30^{km} représente à peu près 1° et est vue de la Terre sous un angle de $16''$ environ; d'ailleurs, à cause de la libration, on peut admettre dans un calcul approximatif que les points coïncidants sont distribués sur deux fuseaux de 8° chacun. Partageons ces fuseaux en petites calottes sphériques de 1° de rayon; on obtiendra ainsi, en désignant par R le rayon lunaire,

$$\frac{4\pi \times R^2 \times 16}{2\pi \times R^2(1 - \cos 1^{\circ}) \times 360},$$

c'est-à-dire cinq à six cents calottes environ.

Il est fort probable que, dans un avenir plus ou moins rapproché, les observations d'occultations seront en assez grand nombre pour être réparties suivant chacun de ces éléments de surface. Comme dans ces groupements il sera nécessaire de connaître la position sélénographique des points coïncidants avec une approximation au moins supérieure à 1°, nous croyons qu'il est utile, dans une discussion d'occultations d'amas, de calculer ces positions à $0^{\circ},1$ près. Nous exposerons plus loin la méthode à employer pour ce calcul (Chap. II, 3e Partie).

Nous ajouterons que la connaissance des inégalités moyennes des bords lunaires serait particulièrement utilisable dans la réduction des occultations isolées pour lesquelles ces irrégularités constituent de véritables causes d'erreur pouvant diminuer la précision des résultats.

CHAPITRE II.

HISTORIQUE.

C'est sans doute à propos de la détermination des longitudes par les occultations que les astronomes fixèrent leur attention sur les autres résultats qu'on peut en retirer. Ils remarquèrent bien vite, en effet, que dans ces recherches les calculs étaient beaucoup plus concordants lorsqu'au lieu d'adopter pour la Lune le même demi-diamètre que celui employé dans les réductions méridiennes, on lui faisait subir une correction négative de 2″ environ qu'ils appelèrent *inflexion*.

6. **Détermination de l'inflexion du demi-diamètre de la Lune.** — *Ferrer.* — L'inflexion, qui en réalité provient principalement de la diffraction dans les instruments d'optique, était attribuée, au commencement de ce siècle, à l'*irradiation* et considérée comme une véritable constante astronomique. C'est pourquoi, en 1814, Don José Joaquin de Ferrer entreprit de la déterminer [1].

Il admettait pour cela que, dans les occultations, l'irradiation donne naissance au phénomène, souvent observé pour les étoiles brillantes, de la projection de l'étoile sur le bord de la Lune un peu avant sa disparition ou un peu après sa réapparition instantanées. Il déduisait donc l'inflexion de l'intervalle de temps écoulé entre le contact apparent d'une étoile de 1re grandeur et son occultation véritable. Il trouva ainsi :

---

[1] Ferrer. *Occultations d'étoiles observées à la Havane et qui peuvent servir à déterminer l'inflexion du demi-diamètre de la Lune* (*Connaissance des temps*, 1817).

		Inflexion.
15 juillet 1811	Aldébaran	2,70
5 octobre 1811	Aldébaran	1,95
28 août 1812	Aldébaran	1,94
24 novembre 1812	Régulus	2,00
31 mars 1812	l'Épi	1,75
	Inflexion moyenne...	2,07

D'un autre côté, Ferrer s'occupait de calculer le demi-diamètre d'occultation. A cet effet, il utilisa les observations d'étoiles brillantes faites sur les deux bords de la Lune; voici les valeurs obtenues pour le demi-diamètre r_0, la parallaxe moyenne adoptée dans les calculs étant celle de Burg : 57′ 1″,00.

Aldébaran 1793	r_0 =	15′.30″,39
α Vierge 1801	=	32,34
α Vierge 1801	=	31,87
γ Taureau 1811	=	31,08
Aldébaran (¹) 1811	=	32,34
Demi-diamètre moyen	=	15.31,60

Le demi-diamètre ainsi calculé repose sur un très petit nombre d'observations; d'autre part, l'occultation complète d'une seule étoile ne permet pas d'éliminer à la fois l'erreur en ascension droite et en déclinaison de la position de notre satellite. Il est donc bien certain que des causes d'incertitude existent dans cette détermination, à laquelle nous n'attacherons qu'un intérêt historique.

Au contraire, la connaissance de l'inflexion serait encore d'une certaine utilité à notre époque : elle peut fournir en effet un critérium de la valeur optique de la lunette employée.

7. Occultations d'Aldébaran. — *Wisniewski.* — En 1817 Wisniewski, ayant à calculer une série d'occultations pour la détermination de la longitude de plusieurs villes de Russie, entreprit à cette occasion une recherche sur le demi-diamètre lunaire. Il discuta trois occultations d'Aldébaran dont les deux

(¹) *Remarks of M. de Ferrer upon the occultation of Aldebaran, october 5, 1811* (*Memoirs of the Royal Astronomical Society*, Vol. IV, IIe partie, p. 583).

phases avaient été observées le 10 août 1792, le 18 septembre 1810 et le 22 octobre 1812 dans plusieurs stations astronomiques. Il trouva :

I.	par	4 imm.	et	4 ém.	$r_0 = 15'32'',36 - 0,082\,\Delta\pi$	
(II).	»	6	»	6 »	$r_0 = \quad 30,23 - 0,035\,\Delta\pi - 0,44\,\Delta\beta$	
III.	»	5	«	5 »	$r_0 = \quad 32,44 - 0,115\,\Delta\pi$	

résultats basés sur l'emploi de la parallaxe de Burckhardt : 57'0",5.

En même temps, Wisniewski calculait la correction $\Delta\beta$ de la latitude tabulaire de la Lune; c'est pourquoi il rejeta la série II dans laquelle les équations de condition ne lui avaient pas permis de séparer suffisamment les inconnues Δr_0, $\Delta\beta$.

8. **Occultations des Pléiades.** — *Rosenberger*, *Kaiser*, *Lejeune*, *Oudemans*. — Les premiers astronomes qui, après Wisniewski, entreprirent une détermination un peu exacte du demi-diamètre de la Lune au moyen des occultations et dont les résultats reposaient primitivement sur l'emploi des Tables de Burckhardt, sont les suivants :

Rosenberger (1), qui déduisit le rayon de notre satellite de l'occultation des Pléiades observée le 29 août 1820 à Kœnigsberg. 4 immersions combinées avec 6 émersions lui donnèrent,

$$r_0 = 15'32'',02.$$

Kaiser (2). — En 1837, Kaiser déterminait la longitude de l'observatoire de Leyde. Parmi les observations d'occultations dont il disposait, deux séries furent assez nombreuses pour lui permettre de calculer en même temps le demi-diamètre. La première comprenait 6 immersions et 3 émersions de l'étoile θ' Taureau observées le 28 mars 1830, et la seconde 5 immersions et 6 émersions d'Aldébaran observées le 10 février 1832. Il trouva

Série I .... $r_0 = 15.34,89$
Série II .... $r_0 = 15.32,28 - 0,055\,\Delta\pi$.

(1) ROSENBERGER, *Königsberg Beobachtungen*, IX Abtheilung, p. V.
(2) KAISER, *Memoirs of the Royal Astronomical Society*, Vol. X, p. 303.

La deuxième série fournit encore à Kaiser la correction de la Lune en latitude.

Lejeune [1]. — En 1845, cet astronome réduisit l'occultation des Pléiades observée en différents lieux de l'Europe, le 10 août 1841. Ce travail reposant sur un grand nombre d'observations constituait une excellente détermination du demi-diamètre : 52 équations combinées par la méthode des moindres carrés lui donnèrent

$$r_0 = 15'33'',28 + 0,014\,\Delta\pi.$$

Enfin, M. *Oudemans* [2], réduisant aux Tables de Hansen les résultats trouvés par les quatre astronomes précédents, concluait, en 1859, pour la valeur du demi-diamètre moyen d'occultation en adoptant 56'59'',57 pour parallaxe

$$r_0 = 15'32'',47$$

9. Occultations des Pléiades. — *Seeling* [3]. — La discussion de Lejeune fut complétée plus tard par Küstner. Il en est de même de l'important travail de Seeling sur les occultations des Pléiades observées le 20 février 1858.

Dans le but de comparer les Tables de la Lune à l'observation, cet astronome traita, par la méthode des moindres carrés, les équations de condition fournies par 63 immersions. Son calcul était basé sur l'emploi des Tables du *Nautical Almanac* (parallaxe d'après Adams : 57'2'',48); en voici les résultats concernant la parallaxe et le demi-diamètre :

$$k = \frac{\sin r_0}{\sin \pi_0} = 0,272449, \qquad \pi_0 = 57'7'',16;$$

d'où

$$r_0 = 15'33'',30.$$

---

(1) LEJEUNE. *Dissertatio Astronomiæ Inauguralis*. Lugd. Batav., 1845.

(2) OUDEMANS. *Semi-diameter of the Moon according to M. Hansen's Tables of the Moon* (*Monthly Notice*, Vol. XXVI, p. 249).

(3) SEELING. *Berechnung der Tafelfehler des Mondes aus der Plejadenbedeckung* 1858. II. (*Astr. Nachr.*, 59. Bd, p. 289).

10. Occultations isolées. — *Breen, Airy, Neison.* — Parmi les déterminations du demi-diamètre de la Lune au moyen d'occultations isolées, il y a lieu de citer les recherches suivantes :

Breen (1). — Cet astronome discuta les observations de ce genre faites de 1830 à 1860 à Cambridge et à Grenwich. Dans ce travail, les positions de la Lune ne pouvant figurer comme inconnues, il a adopté celles qui étaient déduites d'observations méridiennes ou altazimutales. La grande originalité de cette recherche fut de démontrer que l'éclairement du disque de la Lune comme aussi la nature du phénomène pouvaient influer considérablement sur les résultats conclus des occultations. En effet, d'après l'analyse d'*Airy*, les valeurs trouvées pour le demi-diamètre étaient :

Par 132 immersions sur bord obscur	....	$r_0 = 15'.32'',68 \pm 0,16$
» 51 » brillant	....	$r_0 = 15.34,08 \pm 0,29$
» 64 émersions sur bord obscur	....	$r_0 = 15.32,28 \pm 0,24$
» 49 » brillant	....	$r_0 = 15.36,19 \pm 0,31$

la parallaxe employée étant celle d'Adams : 57′2″,48.

Neison (2). — La discussion analogue que fit quelques années plus tard Neison, au moyen des occultations observées de 1861 à 1871 à Grenwich, Oxford (Radcliffe) et Cambridge, confirma ces résultats. Cet astronome trouva (3) qu'en adoptant la parallaxe : 57′2″,27, le demi-diamètre de la Lune était :

Par 86 immersions sur bord obscur	....	$r_0 = 15'.32'',29$
» 28 » brillant	....	$r_0 = 15.34,79$
» 29 émersions sur bord obscur	....	$r_0 = 15.34,22$
» 33 » brillant	....	$r_0 = 15.35,73$

11. Occultations des Pléiades. — *Kütsner* (4). — Dans les

(1) *Loc. cit.*, p. 2.

(2) *Loc. cit.*, p. 2.

(3) Neison n'a pas publié les détails de son calcul ni les erreurs probables de ses résultats.

(4) KÜSTNER, *Bestimmungen des Monddurchmessers aus neun Plejadenbedeckungen des Zeitraums* 1839 *bis* 1876 *mit gleichzeitiger Ermittlung der Œrter des Mondes* (*Nova Acta der Ksl. Leop. Carol. Deutschen Akademie der Naturforscher*, Bd XLI, Pars I, Nr 5; Halle, 1879).

discussions d'observations relatives à des amas d'étoiles, il devenait donc important, du moins en ce qui concerne la détermination du demi-diamètre, de grouper les occultations suivant chaque bord.

En 1879, M. Küstner publia le travail le plus considérable qui ait été fait jusqu'à cette époque : il reprit et compléta les travaux antérieurs de Lejeune et Seeling et leur ajouta la discussion de sept autres occultations des Pléiades, observées de 1839 à 1876.

Indépendamment de positions très précises obtenues pour la Lune, les résultats de cette discussion reposant sur la parallaxe 57′2″,48 étaient les suivants :

Demi-diamètre :	par 540 occultations aux deux bords...	$r_0 = 15'32'',936 \pm 0'',04 - 0,278\,\Delta\pi$
	» 411 » au bord obscur...	$r_0 = 15'32'',005 \pm 0,15 - 0,220\,\Delta\pi$
	Parallaxe...............	$\pi_0 = 57'\ 2'',79 \pm 0,50$

Enfin, rejetant deux séries douteuses, M. Küstner concluait finalement pour le demi-diamètre

$$r_0 = 15'32'',851 \pm 0'',06 - 0,279\,\Delta\pi.$$

12. **Occultations des Pléiades.** — *Paul* (¹). — En 1880, M. Paul, discutant deux occultations des Pléiades observées à Washington en 1877 et 1879, obtenait, pour le demi-diamètre basé sur l'emploi de la parallaxe 57′0″,0

$$r_0 = 15'31'',78 \pm 0,12.$$

Remarquons que ce résultat reposait seulement sur quatorze phénomènes observés sur les deux bords dans la série de 1879 et que M. Paul a rejeté, un peu arbitrairement, la série de 1877 qui aurait donné par quatorze observations sur les deux bords,

$$r_0 = 15'32'',96 \pm 0,34 \qquad \text{(parallaxe indéterminée).}$$

L'ensemble de ces deux déterminations aurait donc été

$$r_0 = 15'31'',91 \pm 0,25.$$

(¹) PAUL. *A determination of the semi-diameter of the Moon from two occultations of the Pleiades* (*Washington Observations* 1879. App. II).

13. **Occultations observées pendant des éclipses de Lune. —** *L. Struve.* — Les résultats trouvés jusqu'ici indiquaient une sensible augmentation du demi-diamètre déduit des phénomènes observés sur le bord brillant. Quelle qu'en soit la cause, cette exagération des dimensions du disque illuminé devenait un sérieux obstacle pour conclure avec certitude la valeur du demi-diamètre d'occultation. En effet, si l'on en base la détermination seulement sur les phénomènes observés au bord obscur, la suppression des observations faites au bord éclairé diminue la certitude des résultats en laissant une plus forte influence aux erreurs de position de notre satellite.

C'est pourquoi, en 1884, M. Döllen (1) attira l'attention des astronomes sur les circonstances particulièrement avantageuses qui se présentent pendant les éclipses totales de Lune : l'obscurité du disque permettant alors d'observer, dans des conditions semblables, les deux phases d'occultation. Grâce à cette initiative et aux calculs préparatoires faits à Poulkova, l'observation des phénomènes d'occultation pendant les éclipses de Lune a été poursuivie régulièrement depuis celle de 1884 dans la plupart des stations astronomiques. En même temps, on s'est préoccupé de rattacher, soit par des mesures micrométriques soit par la photographie, les étoiles occultées les unes aux autres, et aussi d'obtenir, par des observations méridiennes, leurs positions absolues avec toute la précision suffisante.

C'est ainsi que dans deux Mémoires (2) de la plus grande importance, M. L. Struve a déjà pu discuter les documents recueillis pendant les éclipses totales du 4 octobre 1884 et du 28 janvier 1888.

(1) Döllen, *Bulletin astronomique*, t. I, p. 562.

(2) L. Struve, *Bestimmung des Mondhalbmessers aus den während der totalen Mondfindsterniss 1884 Oct. 4 beobachteten Sternbedeckungen.* Dorpat, 1889, in-4°. — *Bearbeitung der während der totalen Mondfindsternisse 1884 Oct. 4 und 1888 Jan. 28 beobachteten Sternbedeckungen.* Dorpat, 1893, in-4°. — Analyse *Bulletin astronomique*, t. II, p. 265.

Éclipse de 1884 ([1]). — Dans la première, 42 stations répondirent à l'appel de M. Döllen et notèrent 414 immersions ou émersions de 56 étoiles comprises entre la 6e et la 11e grandeur. Les positions de 51 étoiles seulement ayant été déterminées par M. Küstner au grand cercle méridien de Berlin et par des mesures micrométriques exécutées à Poulkova et Dorpat, et d'un autre côté les coordonnées géographiques de certaines stations étant insuffisamment connues, M. L. Struve, en 1889, n'utilisa dans sa discussion que 349 occultations; il trouva, en employant comme parallaxe 57′2″,27 et en laissant dans ses équations de condition la correction $\Delta\pi$ indéterminée,

$$r_0 = 15'32'',85 - 0'',281\,\Delta\pi \pm 0'',07\,;$$

d'ailleurs, en déterminant simultanément le demi-diamètre et la parallaxe, il trouvait, pour cette dernière,

$$\pi_0 = 57'3'',01 \pm 0'',32.$$

En 1893, M. L. Struve rectifia certains détails de calcul au sujet de stations dont les coordonnées géographiques étaient inexactes et supprima quelques observations douteuses. En outre, il fit la même discussion pour 3 groupes d'occultations classées suivant la grandeur g de l'étoile. Il obtint ainsi

Groupe.	N. d'imm.	N. d'ém.	g.	Demi-diamètre r_0.
I..............	48	62	< 9.5	$15'.32''.783 + 0,248\,\Delta\pi \pm 0,087$
II..............	51	31	$= 9.5$	$32,596 + 0.255\,\Delta\pi \pm 0,100$
III..............	95	49	> 9.5	$32.683 + 0.320\,\Delta\pi \pm 0.103$
Ensemble...	194	142		$15.32.732 + 0,284\,\Delta\pi \pm 0.053$

Éclipse de 1888 ([2]). — Pendant cette éclipse, 60 stations

([1]) Les matériaux relatifs à cette éclipse ont été réunis et classés par M. O. Struve dans la Publication suivante : *Sammlung der Beobachtungen von Sternbedeckungen während der totalen Mondfindsterniss* 1884 *Oct.* 4. Saint-Pétersbourg, 1885.

([2]) Les documents concernant cette éclipse ont aussi été classés par M. O. Struve : *Sammlung der Beobachtungen von Sternbedeckungen während der totalen Mondfindsterniss* 1888 *Januar* 28. Saint-Pétersbourg, 1889.

prirent part à l'observation des occultations de 120 étoiles et notèrent 841 phénomènes. Les positions différentielles des étoiles résultaient des mesures faites par M. Renz à Poulkova, sur un cliché obtenu le 15 mars 1888 par MM. Henry à l'Observatoire de Paris; leurs positions absolues reposaient d'ailleurs sur des mesures méridiennes exécutées à Berlin et Poulkova.

L'éclat gênant que le disque lunaire a conservé pendant cette éclipse et la faiblesse (11e et même 12e grandeur) de quelques étoiles occultées ont rendu inutilisables un certain nombre d'observations; c'est pourquoi M. L. Struve n'a employé dans sa discussion que 660 phénomènes relatifs à 97 étoiles réparties suivant 4 classes de grandeur.

En voici les résultats concernant le demi-diamètre et la parallaxe :

Groupe.	N. d'ém.	N. d'imm.	g.	Avec π_0 indéterminée.	Avec π_0 et r_0 déterminés distinctement.
I....	85	67	6,5 — 9,0	$r_0 = 15'32'',418 - 0'',256\,\Delta\pi \pm 0,083$	$\pi_0 = 57'2'',292$
II....	56	65	9,1 — 9,4	» 33,016 — 0,280 $\Delta\pi \pm 0,080$	» 2,235
III...	104	125	= 9,5	» 32,959 — 0,235 $\Delta\pi \pm 0,076$	» 1,880
IV...	89	69	> 9,5	» 33,114 — 0,311 $\Delta\pi \pm 0,113$	» 0,577
Ensemble	334	326	»	» 32,852 — 0,269 $\Delta\pi \pm 0,042$	» »

la parallaxe employée dans les calculs étant toujours 57'2",27.

A l'égard du demi-diamètre, M. L. Struve n'a retenu que le groupe I de cette éclipse et, le réunissant aux 336 observations revisées de 1884, il a obtenu ainsi en définitive, d'après un total de 488 occultations observées pendant ces deux éclipses,

$$r_0 = 15'32'',645 + 0'',186\,\Delta\pi \pm 0'',044.$$

Il va sans dire que, indépendamment de ces résultats, les positions de la Lune ont été conclues avec une rare précision : leurs erreurs probables étant les suivantes :

Éclipse de 1884, en ascension droite ±0",077; en déclinaison ±0",085
» 1888, » ±0",053; » ±0",089

14. **Occultations isolées.** — *M. Battermann* [1]. — Quoique les travaux de M. Battermann n'appartiennent pas à la classe particulière (occultations d'amas) que nous étudions ici, ils s'y rattachent par leurs résultats concernant le demi-diamètre de la Lune.

En effet, M. Battermann, procédant comme nous l'avons sommairement exposé (*Introduction*, p. 2), a trouvé, au moyen de 174 phénomènes isolés observés à Berlin en 1884-85, presque exclusivement sur bord obscur,

$$r_0 = 15'32'',83 \pm 0,19,$$

résultat tout à fait indépendant de la parallaxe $\pi_0 = 57'2'',27$, adoptée dans ce travail.

Nous ajouterons que, depuis 1895, la *Connaissance des Temps* adopte pour les calculs d'occultations le demi-diamètre de Küstner et Battermann.

15. **Occultations des Pléiades.** — *J. Peters* [2]. — Le Mémoire le plus récent sur les occultations d'amas est celui que publia, en 1895, M. Peters dans les *Astronomische Nachrichten*. Cet astronome discuta 8 occultations des Pléiades observées de 1840 à 1876, mais qui n'étaient pas comprises dans le travail antérieur de Küstner. Cette discussion était basée presque exclusivement sur des phénomènes observés au bord obscur, principalement des immersions, savoir : 180 immersions et 18 émersions au bord obscur et seulement 4 émersions au bord brillant. Par l'ensemble de ces observations, Peters trouvait, pour le demi-diamètre reposant sur la parallaxe $57'2'',27$:

$$r_0 = 15'32'',80 \pm 0,26 \text{ (nombre d'occultations, 202)},$$

mais un groupe d'observations de 13 étoiles lui ayant paru

---

(1) *Loc. cit.*, p. 3.

(2) J. PETERS, *Berechnung der Coordinaten und des Halbmessers des Mondes aus acht in den Jahren 1840 bis 1876 beobachteten Bedeckungen der Plejaden* (*Astron. Nachr.*, B. 138, n° 3296-97).

fournir des résultats douteux, il concluait en le supprimant :

$$r_0 = 15'32'',49 \pm 0,28 \text{ (nombre d'occultations, 189)};$$

du reste, la parallaxe n'ayant pu être toujours suffisamment séparée, il la tirait d'un seul groupe seulement, et encore était-il obligé de faire pour cela une hypothèse sur la valeur du demi-diamètre. C'est pourquoi nous croyons que la valeur

$$\pi_0 = 57'1'',80 \pm 0,64,$$

donnée par M. Peters, doit être légèrement modifiée.

Nous démontrerons du reste (40) que l'on se place dans de très mauvaises conditions pour déterminer le demi-diamètre lorsqu'on n'emploie systématiquement que les observations faites sur un seul bord.

16. Tableau résumé. Coup d'œil d'ensemble sur les résultats. — Dans le Tableau (p. 23-24), nous avons détaillé les résultats des travaux les plus importants que nous venons d'analyser. En ce qui concerne le demi-diamètre, les nombres publiés ici résultent, en général, de discussions dans lesquelles on a laissé la parallaxe indéterminée. Pour faciliter leur comparaison, nous avons partout rendu applicable à la même parallaxe $\pi_0 = 57'2'',70$ la correction $\Delta\pi_0$ dont ils dépendent encore. Cette valeur, que nous emploierons aussi dans nos calculs ultérieurs, est celle de Newcomb, vers laquelle tendent les déterminations modernes, comme le montrent suffisamment les nombres suivants :

Breen [1]........................	$\pi_0 = 57'2'',70$
Stone [2]........................	$\pi_0 = 57'2'',707$
Küstner [3]........................	$\pi_0 = 57'2'',79$
Newcomb [4]........................	$\pi_0 = 57'2'',68$

En outre, nous avons réduit aux Tables de Hansen le travail ancien de Wisniewski. Les documents nécessaires pour cela nous ont été communiqués obligeamment par le Bureau des Longitudes.

Les résultats des différentes recherches basées sur les occultations étaient fournis tantôt avec leur erreur moyenne, tantôt avec leur erreur probable. Afin de permettre une appréciation exacte de leur précision relative, nous avons fait figurer partout, dans ce Tableau, les *erreurs moyennes* des différentes déterminations. Toutes les fois qu'il a été publié, nous avons aussi inscrit dans la colonne « poids » le coefficient avec lequel se séparent les quantités Δr et $\Delta\pi$ dans la résolution des équations normales.

Les valeurs de la parallaxe sont celles déduites pour cette inconnue, dans la détermination simultanée du demi-diamètre, de la parallaxe et des coordonnées de la Lune.

Les nombres inscrits entre crochets représentent les résultats rejetés pour différentes causes par leurs auteurs.

Nous avons cru inutile de rassembler ici les positions très précises conclues pour la Lune, et nous renverrons, à ce sujet, le lecteur aux Mémoires originaux.

(1) BREEN. *Parallaxe par les observations du Cap de Bonne-Espérance, comparées à celles de Greenwich, de Cambridge et d'Edimbourg* (*Memoirs of the Astronomical Society*, t. XXXII, p. 137).

(2) STONE. *Parallaxe par les observations du Cap de Bonne-Espérance, comparées à celles de Greenwich* (*Memoirs of the Astronomical Society*, t. XXXIV, p. 161).

(3) *Loc. cit.*, p. 16.

(4) S. NEWCOMB. *Astronomical constants*, p. 193.

TABLEAU RÉSUMÉ.

Autorité.	Série.	Date.	Gr.	Phénomènes (Nombre et nature).	Demi-diamètre. r_0.	Demi-diamètre. $\sigma\,\Delta\pi_0$.	Demi-diamètre. Erreur moyenne.	Demi-diamètre. Poids.	Parallaxe. π.	Parallaxe. Erreur moyenne.	Parallaxe. Poids.	Erreur moyenne d'une équation.
					15′				56′			
					″				″			
Wisniewski .... (Aldébaran).	I	1792 Août 10	″	4.IB 4.EO	32,47	$-0,082\,\Delta\pi_0$	″	″	″	″	″	″
	II	1810 Sept. 18	″	6.IB 6.EO	[31,08]	— 035	″	″	″	″	″	″
	III	1812 Oct. 22	″	5.IB 5.EO	32,24	— 115	″	″	″	″	″	″
Oudemans (¹).		″	″	″	33,21	″	″	″	″	″	″	″
Breen .... (Occult. isolées).	I	de 1830	″	132.IO	32,68	″	±0,24	″	″	″	″	±2,65
	II		″	51.IB	[34,08]	″	± 43	″	″	″	″	±3,11
	III		″	64.EO	32,28	″	± 36	″	″	″	″	±2,83
	IV	à 1860.	″	49.EB	36,19	″	± 73	″	″	″	″	±3,21
Neison .... (Occult. isolées).	I	de 1861	″	86.IO	32,29	″	″	″	″	″	″	″
	II		″	28.IB	[34,79]	″	″	″	″	″	″	″
	III		″	29.EO	34,22	″	″	″	″	″	″	″
	IV	à 1871.	″	33.EB	[35,93]	″	″	″	″	″	″	″
Kastner .... (Pléiades).	I	1839 Mars 19	″	52.IO 7.EB	32,798	$-0,256\,\Delta\pi_0$	±0,182	27,97	68,27	±2,47	″	±0,966
	II	1841 Août 10	″	20.IB 49.EO	32,536	— 242	± 124	54,23	65,24	±2,13	″	±0,916
	III	1857 Oct. 6	″	11.IB 18.EO	32,961	— 251	± 235	22,68	60,32	±4,15	″	±1,122
	IV	1857 Nov. 30	″	22.IO 8.EB	[33,716]	— 233	± 226	″	65,81	±1,41	″	±0,953
	V	1858 Fév. 20	″	83.IO 14.EB	32,877	— 331	± 166	40,95	60,83	±1,13	″	±1,058
	VI	1858 Août 30	″	8.IB 27.EO	32,986	— 234	± 232	13,45	61,40	±1,47	″	±0,852
	VII	1859 Avril 6	″	36.IO 6.EB	[33,590]	— 266	± 246	″	61,45	±2,46	″	±0,989
	VIII	1860 Sept. 6	″	28.IB 86.EO	32,894	— 311	± 118	87,67	63,06	±1,06	″	±1,106
	IX	1876 Oct. 6	″	27.IB 38.EO	32,723	$-0,260\,\Delta\pi_0$	± 129	62,48	59,94	±2,60	″	±1,018

(¹) D'après les Travaux de Rosenberger, Kaiser et Lejeune.

TABLEAU RÉSUMÉ.

Autorité.	Série.	Date.	Gr.	Phénomènes (Nombre et nature).	Demi-diamètre. r_0.	$\sigma\,\Delta\pi_0$.	Erreur moyenne.	Poids.	Parallaxe. π.	Erreur moyenne.	Poids.	Erreur moyenne d'une équation.
					15′ ″				56′ ″			
Paul [1] (Pléiades).	I	1877 Juill. 6	″	7.IB 7.EO	[32,93]	−0,011 $\Delta\pi_0$	±0,43	″	″	″	″	±1,09
	II	1879 Sept. 6	″	4.IB 10.EO	31,58	− 075	± 18	″	61,98	±1,14	″	±0,55
L. Struve (Occult. pendant Éclipses).	I	1884 Oct. 4	<9,5	48.I 62.E	32,890	+ 248	± 129	″	″	″	″	±1,34
	II	(Éclipse).	=9,5	51.I 31.E	32,706	+ 255	± 148	″	63,01	±0,47	″	±1,27
	III	″	>9,5	95.I 49.E	32,821	+ 320	± 152	″	″	″	″	±1,46
L. Struve (Occult. pendant Éclipses).	I	1888 Janv. 28	6,5-9	85.I 67.E	32,308	− 256	± 123	″	62,23	±0,37	″	±1,35
	II	(Éclipse).	9,1-9,4	56.I 65.E	[32,896	− 280	± 118	″	62,24	±0,31	″	±1,30
	III	″	9,5	104.I 125.E	[32,858]	− 235	± 112	″	61,88	±0,44	″	±1,67
	IV	″	>9,5	89.I 69.E	[32,980]	− 311	± 167	″	60,58	±0,63	″	±2,06
Battermann (Occult. isolées).		1884-85		109.IO 62.EO / 2.IB 1.EB	32,83	000	±0,181	″	″	″	″	±1,13
Peters (Pléiades).	I	1840 Janv. 14	″	37.IO	32,48	+ 087	″	2,15	63,83	″	0,32	
	II	1857 Mars 1	″	29.IO	32,98	− 002	″	2,74	59,84	″	0,41	
	III	1857 Déc. 27	″	19.IO	32,60	+ 483	″	0,28	63,20	″	0,43	
	IV	1859 Sept. 17	″	18.EO	32,96	+ 275	″	0,84	63,77	″	0,30	
	V	1859 Déc. 8	″	12.IO 1.EB	[34,34]	+ 018	″	3,34	56,54	″	0,01	±1,15
	VI	1860 Fév. 28	″	33.IO 1.EB	32,25	− 152	″	2,41	62,99	″	0,16	
	VII	1861 Fév. 17	″	30.IO 1.EB	32,92	+ 129	″	2,77	51,08	″	0,23	
	VIII	1876 Janv. 7	″	20.IO 1.EB	32,22	+0,333 $\Delta\pi_0$	″	5,11	61,55	″	2,59	

(1) 1° Nous avons admis, avec M. Struve, que la parallaxe correspondant au travail de Paul était 57′0″. 2° Le coefficient σ a été calculé d'après les deux valeurs que M. Paul trouvait pour le demi-diamètre en séparant ou non la parallaxe.

Le Tableau précédent montre tout d'abord que les déterminations individuelles de la parallaxe de la Lune par les occultations de groupes ne comportent pas, en général, assez de précision pour que sa valeur certaine en puisse être actuellement conclue.

Au contraire, le demi-diamètre paraît être déjà fort bien connu, et il est permis de présumer que la valeur 15′32″,83, adoptée par la *Connaissance des Temps*, ne doit pas être très éloignée de la vérité. Pourtant certains résultats se rapportant au bord obscur seul sembleraient indiquer que cette valeur est un peu trop grande. Pour être complètement fixé à cet égard il sera nécessaire de rechercher systématiquement l'influence qu'exercent, sur ces résultats, les erreurs dues aux différentes circonstances d'observation : phénomène, éclairement, grandeur de l'étoile. Nous verrons que les *résidus* des équations de condition peuvent être utilisés dans cette recherche.

Jusqu'à notre époque, dans les discussions d'occultations, l'étude de la configuration du bord de la Lune a été un peu laissée de côté. Quoique l'attention de MM. Paul et Küstner ait été attirée sur ce sujet, il n'y a guère que M. L. Struve qui se soit préoccupé de grouper les résidus en vue de cette étude : c'est ainsi qu'en procédant à des groupements de 10° en 10° suivant l'angle de position il a pu mettre en évidence quelques dénivellations moyennes du contour de notre satellite. Malheureusement il n'a pas calculé les données qui permettraient de procéder ultérieurement à des groupements plus serrés.

17. — **Nécessité, dans une discussion d'occultations, d'attribuer à chaque équation un poids variable avec l'éclairement du bord et l'éclat de l'étoile.** — En examinant dans le Tableau précédent les nombres inscrits dans la dernière colonne, il est aisé de constater tout d'abord, par les résultats de Breen, que dans les occultations l'« erreur moyenne d'une observation » est d'environ 0″,45 plus forte pour le bord brillant que pour le bord obscur de la Lune.

D'un autre côté, la valeur de cette quantité qui résulterait de l'ensemble des travaux sur les Pléiades est approximativement égale à $\pm 1'',05$. Or dans ces derniers il y a considérablement plus de phénomènes observés sur bord obscur que sur bord brillant. Nous ne serons donc certainement pas loin de la vérité en évaluant dans les discussions de groupes à

$\pm 1'',00$ l'erreur moyenne d'une équation par bord obscur,
$\pm 1'',45$ » » » brillant.

Il résulte de ce calcul, provisoire il est vrai, mais que nos recherches ultérieures confirmeront, que l'on ne doit pas, en combinant les équations de condition par les moindres carrés, attribuer un poids égal aux observations sur bord obscur et sur bord brillant, mais des poids dans le rapport de $\left(\frac{1,45}{1,00}\right)^2$, c'est-à-dire de 2 à 1 environ.

Nous ne prétendons pas donner une règle absolue à cet égard, mais il est certain que les calculs dirigés de cette manière seront plus en harmonie avec la théorie des erreurs et des poids.

Ce que nous venons de dire s'applique naturellement à la discussion des occultations d'étoiles brillantes, comme la plupart de celles des Pléiades, et pour lesquelles l'influence de la grandeur des étoiles ne peut être considérable. Mais dans le cas des éclipses de Lune, où les étoiles occultées sont parfois très faibles, peut-être serait-il bon aussi d'attribuer à chaque observation un poids dépendant de l'éclat de l'étoile. C'est au moins ce que semblent montrer les « erreurs moyennes d'une équation » fournies par M. L. Struve. Dans sa discussion cet astronome a sans doute été guidé par des considérations de ce genre lorsqu'il a préalablement groupé suivant la grandeur les observations dont il disposait. Toutefois il resterait encore à examiner ici l'influence de la phase d'occultation.

18. Importance de la formation d'un Catalogue normal des Pléiades. — Dans la discussion des occultations de groupes, les erreurs sur la position des étoiles, erreurs considérées comme accidentelles, affectent les résidus. L'utilisation de ces derniers, soit dans la recherche des erreurs d'observation, soit plus particulièrement dans l'étude de l'aspect physique de la Lune, sera d'autant meilleure que l'on aura réduit davantage les erreurs des positions d'étoiles.

A cet égard, les étoiles des Pléiades sont dans les conditions les plus recommandables. En effet, ce groupe a servi très souvent d'*étalon* dans la détermination de certaines constantes instrumentales (échelle ou tour de vis, origine des angles de position); aussi a-t-il été l'objet d'un assez grand nombre de mesures très précises exécutées depuis Bessel jusqu'à nos jours, soit au moyen du micromètre ou de l'héliomètre, soit par l'emploi des procédés photographiques.

Nous avons pensé qu'en employant les positions d'étoiles déduites de l'ensemble de ces mesures, les occultations des Pléiades donneraient de meilleurs résultats qu'en adoptant un seul Catalogue, comme on l'a fait le plus souvent ([1]).

Il nous a donc paru nécessaire, avant d'entreprendre des recherches sur les occultations de cet amas, de calculer un « Catalogue normal des Pléiades ». Ce travail est exposé dans la deuxième Partie de ce Mémoire.

([1]) Ainsi Küstner a employé les positions de Bessel, Paul celles de Wolf et Peters celles d'Elkin.

DEUXIÈME PARTIE.

CATALOGUE NORMAL DIFFÉRENTIEL DES PLÉIADES.

CHAPITRE I.

DOCUMENTS. ERREURS SYSTÉMATIQUES.

Le but poursuivi à l'observatoire de Lyon, dans la formation de ce Catalogue, a été principalement de rassembler les données que l'on possède actuellement sur les Pléiades, afin d'utiliser les meilleures d'entre elles dans la discussion des occultations de ce groupe d'étoiles par la Lune.

19. Autorités; données. — On espérait tout d'abord utiliser les observations méridiennes du commencement de ce siècle. Les Catalogues de Piazzi (1800) et de Rumker (1836) contiennent, en effet, des listes importantes d'étoiles des Pléiades; mais nous avons reconnu que l'ancienneté de ces observations ne pourrait, au point de vue des mouvements propres, compenser leur peu de précision; on les a donc rejetées. Les positions méridiennes de Bessel (1825), quoique bien meilleures, n'ont pourtant pas été employées, afin de conserver à ses mesures héliométriques toute leur importance. On n'a pas utilisé davantage la nombreuse liste, plus récente encore, de Fergusson (Catalogue Yarnal Frisby 1860), résultant de mesures équatoriales courantes dont la précision est trop inférieure à celle des travaux sur lesquels est basé le présent Catalogue et que voici dans leur ordre chronologique :

K. 1840. *Mesures héliométriques de Bessel à Königsberg* (1) et leur revision par M. Elkin (2).

R. 1866. *Premières mesures photographiques de Rutherfurd* réduites par Gould (3).

J. 1873. *Mesures photographiques de Rutherfurd*, réduites par M. H. Jacoby (4).

W. 1874. *Mesures micrométriques et par passages de M. Wolf à Paris* (5).

C. 1877. *Mesures photographiques de Gould à Cordoba* (6).

P. 1879. *Mesures au micromètre double de Pritchard à Oxford* (7).

G. 1881. *Catalog der astronomischen Gesellschaft*, zone + 20° bis + 25°, *par M. E. Becker*.

E. 1885. *Mesures héliométriques de M. Elkin à Yale* (8).

B. 1887. *Triangulation des Pléiades, par M. Battermann à Berlin* (9).

---

(1) Bessel, *Abhandlungen*, Band 3.

(2) Elkin, *Determination of the relative position of the principal stars in the group of the Pleiades* (*Transactions of the Astronomical Observatory of Yale University*, Vol. I, Part I : 1887).

(3) Gould, *Cordoba photographs, photographic observations of star-cluster*.

(4) H. Jacoby, *The Rutherfurd photographic measures of the group of the Pleiades* (*Contributions from the observatory of Columbia College New-York*, n° 3).

(5) Wolf, *Description du groupe des Pléiades et mesures micrométriques des positions relatives des principales étoiles qui le composent* (*Annales de l'Observatoire de Paris*, *Mémoires*, t. XIV, 1re Partie ; 1877).

(6) Gould, *loc. cit.*

(7) Pritchard, *On the proper motions of 40 stars in the Pleiades determined from micrometric and meridional observations* (*Memoirs of the Royal astronomical Society*, Vol. XLVIII, Part II ; 1884).

(8) Elkin, *loc. cit.*

(9) Battermann, *Triangulation zwischen den 8 hellsten Sternen der Plejaden Gruppe*, 1886-87 (*Astr. Nachr.*, nos 2925-26).

A. 1890. *Triangulation des Pléiades, par M. Ambronn, à Göttingen* (1).

T. 1893. *Mesures photographiques à Oxford, réduites par M. Turner* (2).

O. 1898. *Mesures photographiques de M. Olsson à Stockholm* (3).

Parmi les étoiles brillantes des Pléiades, quelques-unes ont été fréquemment observées aux instruments méridiens. On a jugé que, pour conserver au présent travail toute son homogénéité, ces observations ne devaient être utilisées que dans la détermination de la position absolue et du mouvement propre général du groupe. On s'est toutefois départi de cette règle en faveur des observations de Berlin (G), le grand nombre et la précision de ces mesures justifient d'ailleurs cette exception.

Notre Catalogue s'étend à toutes les étoiles d'un éclat supérieur à celui de la 10e grandeur et figurant dans les listes énumérées ci-dessus. L'étoile la plus brillante : *Alcyone* (η *Taureau*) a été choisie pour origine. Les différences $\star - \eta$ d'ascension droite ont été exprimées en temps et celles de déclinaison en arc.

Remarques. — *a.* Les données relatives aux premières mesures photographiques de Rutherfurd sont tirées de la comparaison faite dans *Cordoba photographs*, p. 65, en appliquant la formule suivante

$$R = E + (R - K) - (E - K)$$

et en se référant aux mesures d'Elkin.

(1) AMBRONN, *Triangulation der Plejaden Gruppe* (*Astronomische Mittheilungen von der königlichen Sternwarte zu Göttingen*, IIIe Partie, 1894).

(2) TURNER, *Some Measures of Photographs of the Pleiades at the Oxford University Observatory* (*Monthly Notices of the Royal astronomical Society*, Vol. LIV, p. 498).

(3) OLSSON, *Photographische Ausmessung der Plejades* (*Astronomiska Iakttagelser och undersökningar austälda pa Stockholms observatorium*, Vol. VII, n° 3; 1898).

b. Les données relatives aux mesures photographiques de Cordoba résultent des différences d'ascension droite et de déclinaison publiées dans le même Ouvrage, p. 58-61. Pour chaque étoile, les différences moyennes pondérées $\Delta\alpha$, $\Delta\delta$ ont été calculées et, pour l'uniformité des calculs, réduites, chaque fois que cela était possible, à 1877, date moyenne de l'ensemble de ces mesures, au moyen des mouvements différentiels d'Elkin (*Transactions*, p. 99). On a appliqué à toutes ces mesures les corrections $\Delta\alpha = -0^s,02$, $\Delta\delta = -0'',10$, qui rendent nulles les coordonnées d'Alcyone.

c. La méthode remarquable employée par Turner, dans la réduction des clichés photographiques d'Oxford, fournit la comparaison (r_x, r_y) aux mesures d'Elkin des distances $\star - \eta$ projetées sur le parallèle à l'équateur et le cercle de déclinaison. On a d'abord annulé les coordonnées d'Alcyone en appliquant les corrections générales $\Delta r_x = +0'',08$, $\Delta r_y = +0'',05$. Les données sont donc :

$$(\alpha_\star - \alpha_\eta)_T = (\alpha_\star - \alpha_\eta)_E + \frac{1}{15\cos\delta}(r_x + 0'',08),$$

$$(\delta_\star - \delta_\eta)_T = (\delta_\star - \delta_\eta)_E + (r_y + 0'',05).$$

d. Enfin, les données relatives aux mesures de Bessel (revues par Elkin), de Battermann et d'Ambronn, résultent de la comparaison que ces astronomes en ont faite à celles d'Elkin.

20. **Réduction au même équinoxe.** — Toutes les mesures ont été rapportées à l'équinoxe moyen de 1873,0, date du Catalogue de Jacoby, dont nous avons adopté les valeurs de la précession et de la variation séculaires basées sur les constantes de Struve. Pour les étoiles non comprises dans ce Catalogue, on a préalablement calculé, au moyen des mêmes constantes, les éléments de ce changement d'équinoxe.

D'après les remarques précédentes, les seules mesures dont il a été nécessaire d'effectuer la réduction à 1873 sont les suivantes :

Catalogue.	Équinoxe.	Catalogue.	Équinoxe.
W	1874	G	1875
C	1875	E	1885
P	1879	O	1898

Dans la réduction des autres mesures, on a utilisé les comparaisons publiées de chacune d'entre elles à celles d'Elkin rapportées à un même équinoxe. Nous avons donc simplement appliqué, aux mesures d'Elkin (réduites à 1873), les différences qui résultent de ces comparaisons.

Remarque. — On trouvera, dans les colonnes $\Delta\alpha_{1873}$, $\Delta\delta_{1873}$ des Tableaux (p. 53 et suiv.), l'ensemble de toutes les mesures données réduites à notre équinoxe moyen.

Dans la colonne t est inscrite l'année (comptée depuis 1800) correspondant à l'observation. En général, les auteurs n'ont fourni que la date moyenne de leurs mesures; pourtant, dans les listes de Pritchard, Becker et Gould, l'époque de chaque observation était donnée; comme les deux premières ne s'étendent que sur un intervalle de deux ans, on a adopté pour toutes les étoiles la même date moyenne : (P, $t = 1879,0$; G, $t = 1881,0$). Dans la liste de Cordoba, qui comprend des mesures faites pendant dix ans, on a dû conserver à chacune d'elles sa date respective, toutes les fois qu'on n'a pu en faire la réduction à l'époque moyenne ($t = 1877,0$), faute de mouvement propre.

21. **Recherche des erreurs systématiques.** — Une comparaison d'ensemble indique que, parmi toutes les mesures que nous avons examinées, quelques-unes sont affectées d'erreurs systématiques, c'est-à-dire variables d'une étoile à l'autre, dans le même Catalogue. Voici les mesures où ce caractère nettement systématique a pu être reconnu et ces erreurs calculées :

K. *Mesures de Bessel.* — Les mesures de Bessel utilisées ici sont celles déjà revisées par Elkin. Les corrections calculées

(*Transactions*, p. 95) par cet astronome concernent exclusivement les mesures de distances. L'erreur constatée sur ces dernières provient de ce que la valeur du tour de vis employé par Bessel dans ses mesures héliométriques reposait sur l'emploi d'un coefficient de température reconnu depuis inexact par Auwers. Aucune erreur n'a d'ailleurs pu être relevée sur les angles de position.

22. R. Premières mesures photographiques de Rutherfurd. — Nous avons recherché les erreurs soupçonnées par Gould dans ces mesures. Voici la comparaison que nous en avons faite à celles qui résultent d'une interpolation, pour 1866, entre les mesures héliométriques de Bessel (revisées) et d'Elkin, que nous jugeons à l'abri des erreurs de ce genre décelables par le calcul. Les écarts ont été classés suivant chaque coordonnée.

RUTHERFURD. R.

Corrections systématiques par ordre d'ascension droite.

$\star$.	$\alpha_\star - \alpha_\gamma$	$\Delta\alpha$ obs.	$\Delta\delta$ obs.	$\Delta\delta$ calc.
		s	"	"
g	—40,2	—0,011	—0,88	—0,59
b	—39,0	— 32	—1,15	— 57
e	—34,3	— 23	—1,09	— 50
1	30,6	— 15	—0,45	— 45
2	28,8	— 50	— 03	— 42
4	—27,9	— 12	— 26	41
	—33,5		— 64	
c	25,0	— 21	— 54	— 37
7	24,2	7	— 27	36
k	23,9	45	— 48	— 35
l	—21,8	29	— 44	— 32
9	18,3	17	— 29	— 27
d	—17,2	— 12	— 4	— 25
	21,7		23	
	L.			

Corrections systématiques par ordre de déclinaison.

$\star$.	$\delta_\star - \delta_\gamma$	$\Delta\delta$ obs.	$\Delta\alpha$ obs.	$\Delta\alpha$ calc.
	"	"	s	s
23	—25,6	—0,14	—0,017	—0,030
34	—23,2	— 68	— 7	— 27
17	22,8	42	— 2	— 27
19	—18,1	— 20	— 9	+ 21
38	15,0	— 68	37	— 18
5	—14,6	41	— 20	+ 17
	19,9		— 12	
30	12,8	39	— 14	— 15
22	11,4	33	5	+ 13
d	— 9,6	— 4	— 12	— 11
13	— 6,6	21	— 29	— 08
1	4,5	— 45	— 15	+ 5
7	— 4,2	27	7	— 5
f	2,8	— 57	— 11	+ 3
	7,4		— 3	
			3	

Corrections systématiques par ordre d'ascension droite.

$*$.	$\alpha_* - \alpha_{\gamma_1}$.	$\Delta\alpha$ obs.	$\Delta\delta$ obs.	$\Delta\delta$ calc.
10	−15′,5	−0ˢ,26	−0″,10	−0″,23
12	−7,7	−17	+6	−11
13	−6,1	−29	+21	−9
15	−3,1	−14	−27	−5
17	−2,6	−2	−43	−4
18	−2,4	−3	−7	4
	−6,2		−10	
p	−2,0	−4	+85	−3
19	−1,8	−9	−20	−3
20	−1,6	−41	+21	−2
21	−1,0	−31	−6	−1
22	−1,0	−5	−33	−1
23	−0,3	+17	−14	0
24	0,0	−14	+36	0
	−1,1		+10	
27	+10,9	−8	−25	+16
29	+15,0	+8	−4	+22
s	+22,0	+20	+41	+32
f	+25,1	+11	+57	+37
h	+25,4	−8	+64	+37
30	+25,9	+14	+39	+38
	+20,7		+29	
31	+26,6	−29	+51	+39
32	+27,9	−11	+50	+41
33	+29,0	−1	+39	+43
34	+33,8	+7	+68	+48
37	+36,6	−4	+65	+54
38	+37,3	+37	+68	+55
	+31,9		+57	

Corrections systématiques par ordre de déclinaison.

$*$.	$\delta_* - \delta_{\gamma_1}$.	$\Delta\delta$ obs.	$\Delta\alpha$ obs.	$\Delta\alpha$ calc.
b	+0′,1	−1″,15	+0ˢ,32	0ˢ,0
p	+0,7	+0,85	+4	−1
15	+1,4	−27	−14	−2
18	+2,0	−7	+3	−2
4	+2,2	−64	8	−3
9	+4,9	+29	−17	−6
	+1,9		0	
10	+8,8	−10	−26	−10
33	+8,9	+39	−1	−10
g	+10,6	−88	−11	−12
24	+11,0	+36	−14	−13
27	+12,9	−25	−8	−15
4	+13,5	−26	−12	−16
	+10,9		−12	
29	+14,6	−4	+8	−17
37	+15,0	−65	−4	−18
c	+15,5	−54	−21	−18
32	+16,8	+50	−11	−20
31	+17,7	−51	−29	−21
2	+21,2	−03	−50	−25
	+16,8		−18	
e	+21,4	−1,09	−23	−25
12	+24,8	+0,06	−17	−29
l	+25,1	+44	−29	−29
k	+26,7	−48	−45	−31
20	+29,0	+21	−41	−34
21	+33,1	−6	−31	−39
	+28,7		−31	

Cette comparaison indique clairement que : 1° dans la réduction des clichés on a employé une bonne valeur de l'échelle; 2° l'orientation de la direction origine des angles de position doit subir une correction $\Delta\theta$, ce qui donne

$$\Delta\alpha^s = \frac{(\delta_* - \delta_{\gamma_1})'}{\cos\delta_{\gamma_1}}\,\Delta\theta^s,$$

$$\Delta\delta'' = (\alpha_* - \alpha_{\gamma_1})'\cos\delta_{\gamma_1}\,\Delta\theta''.$$

En calculant $\Delta\theta$ par les moindres carrés on trouve

Par les écarts d'ascension droite.	$\Delta\theta'' = 0,018$	poids. 2
» de déclinaison	$\Delta\theta'' = 0,012$	» 1

On a adopté

$$\Delta\theta'' = 0,016,$$

valeur qui a servi à calculer les corrections inscrites dans le Tableau ci-dessus :

$$\Delta\alpha^s_c = -0^s,00117\,(\delta_* - \delta_{\gamma_1})',$$
$$\Delta\delta''_c = +0'',0147\,\;(\alpha_* - \alpha_{\gamma_1})'.$$

23. *C*. **Mesures de Gould.** — Une erreur analogue a été relevée dans les mesures de Gould. On a trouvé

Par les écarts d'ascension droite.	$\Delta\theta'' = 0,0144$	poids. 1
» de déclinaison....	$\Delta\theta'' = 0,0139$	» 1

et l'on a adopté

$$\Delta\theta'' = 0,0142,$$

Les corrections aux coordonnées sont donc :

$$\Delta\alpha^s_c = -0^s,00103\,(\delta_* - \delta_{\gamma_1})',$$
$$\Delta\delta''_c = +0'',0130\,\;(\alpha_* - \alpha_{\gamma_1}),$$

formules qui ont servi à calculer les corrections inscrites dans le Tableau suivant :

CORDOBA, C.

Corrections systématiques par ordre d'ascension droite.

*.	$\alpha(*-\gamma_1)$	$\Delta\alpha$ obs.	$\Delta\delta$ obs.	$\Delta\delta$ calc.
g	−40′,2	−0s,011	−0″,77	0″,52
b	−39,0	− 24	− 52	− 51
e	−34,3	− 40	− 45	− 45
1	−30,6	− 17	− 28	− 40
2	−28,8	− 14	− 57	− 37
	−34,6		− 52	

Corrections systématiques par ordre de déclinaison.

*.	$\delta(*-\gamma_1)$	$\Delta\delta$ obs.	$\Delta\alpha$ obs.	$\Delta\alpha$ calc.
28	−40′,9	+0″,33	+0s,23	+0s,42
26	−33,7	+ 59	+ 6	+ 35
25	−29,7	+ 14	− 24	+ 31
23	−25,6	− 10	+ 20	+ 26
34	−23,2	+ 36	+ 28	+ 24
17	−22,8	− 19	+ 27	+ 23
	−29,3		+ 13	

Corrections systématiques par ordre d'ascension droite.

★	α(★ — γ)	Δα obs.	Δδ obs.	Δδ calc.
4	—27′,9	— 0ˢ,08	—0″,65	0″,36
6	—27,0	+ 36	— 67	— 35
c	—25,0	— 62	43	— 33
7	—24,2	+ 18	— 30	— 31
k	—23,9	46	— 44	31
	—25,6		— 50	
l	—21,8	— 31	— 52	28
8	—18,8	13	— 66	— 24
9	—18,3	— 07	44	— 24
d	—17,2	— 09	42	— 22
10	—15,5	— 43	— 34	— 20
11	—13,4	— 52	28	16
	—17,3		— 44	
12	— 7,7	— 28	— 16	— 10
13	— 6,1	0	+ 21	— 8
14	— 4,5	+ 43	— 1	— 6
15	— 3,1	— 21	— 30	— 4
17	— 2,6	+ 27	— 19	— 3
18	— 2,4	— 1	— 26	— 3
p	»	+ 5	[— 1,79]	»
	— 4,4		— 12	
19	— 1,8	+ 10	— 5	— 2
20	— 1,6	— 44	— 6	— 2
22	— 1,0	+ 24	— 6	— 1
21	— 1,0	— 22	— 34	— 1
23	— 0,3	+ 20	— 10	0
24	0,0	+ 29	— 5	0
	— 1,0		— 9	
25	+ 2,2	— 24	+ 14	— 3
26	+ 3,7	+ 6	— 59	+ 5
27	+10,9	— 48	+ 4	— 14
28	+13,4	— 23	— 33	— 17
29	+15,0	— 4	— 14	+ 20
s	+22,0	+ 20	24	+ 29
	1,2		20	

Corrections systématiques par ordre de déclinaison.

★	δ(★ — γ)	Δδ obs.	Δα obs.	Δα calc.
14	—19′,5	—0″,1	+ 0ˢ,43	+ 0ˢ,20
19	—18,1	— 5	+ 10	+ 19
38	—15,0	+ 23	+ 16	+ 15
s	—14,6	+ 24	+ 20	+ 15
30	—12,8	+ 36	+ 11	+ 13
22	—11,4	— 6	+ 24	+ 12
	—15,2		+ 21	
d	— 9,6	— 42	— 9	+ 10
40	— 8,1	+ 42	— 36	+ 8
13	— 6,6	+ 21	0	+ 7
1	— 4,5	— 28	+ 17	+ 5
7	— 4,2	— 30	+ 18	+ 4
f	— 2,8	— 22	— 43	+ 3
11	— 0,2	— 28	+ 52	0
	— 5,4		+ 12	
b	— 0,1	— 52	— 24	0
p	+ 0,7	[— 1,79]	+ 5	— 1
15	+ 1,4	— 30	+ 21	— 1
18	+ 2,0	— 26	— 1	— 2
h	+ 2,2	— 56	+ 11	— 2
9	+ 4,9	— 44	— 7	— 5
	+ 1,9		+ 1	
8	+ 5,2	— 66	— 13	— 5
36	+ 7,1	9	— 83	— 7
10	+ 8,8	34	— 43	— 9
33	+ 8,9	— 33	+ 5	— 9
g	+10,6	— 77	— 11	— 11
6	+10,7	— 67	+ 36	— 11
	+ 8,6		— 18	
24	+11,0	— 5	— 29	— 11
27	+12,9	— 4	— 48	— 13
4	+13,5	— 65	— 8	— 14
29	+14,6	— 14	— 4	— 15
37	+15,0	— 28	— 12	— 15
c	+15,5	6	— 44	— 16
	13,7		11	

Corrections systématiques par ordre d'ascension droite.

⋆.	$\alpha(\star-\eta)$.	$\Delta\alpha$ obs.	$\Delta\delta$ obs.	$\Delta\delta$ calc.
f	+25′,1	+0ˢ,43	+0″,22	+0″,33
h	+25,4	− 11	+ 56	+ 33
30	+25,9	+ 11	+ 36	+ 34
31	+26,6	− 17	+ 27	+ 35
32	+27,9	− 12	+ 48	+ 36
33	+29,0	− 5	+ 33	+ 38
	+26,6		+ 37	
34	+33,8	+ 28	+ 36	+ 44
36	+36,2	− 83	− 9	+ 47
37	+36,6	+ 12	+ 28	+ 48
38	+37,3	+ 16	+ 23	+ 48
39	+44,3	− 22	+ 31	+ 58
40	+50,8	− 36	+ 42	+ 66
	+39,8		+ 25	

Corrections systématiques par ordre de déclinaison.

⋆.	$\delta(\star-\eta)$.	$\Delta\delta$ obs.	$\Delta\alpha$ obs.	$\Delta\alpha$ calc.
32	+16′,8	+0″,48	− 0ˢ,12	− 0ˢ,17
31	+17,7	+ 27	− 17	− 18
2	+21,2	− 57	− 14	− 22
e	+21,4	− 45	− 40	− 22
39	+23,8	+ 31	− 22	− 25
	+20,2		− 21	
12	+24,8	− 16	− 28	− 26
l	+25,2	− 52	− 31	− 26
k	+26,7	− 44	− 46	− 28
10	+29,0	+ 6	− 44	− 30
21	+33,1	− 34	− 22	− 34
	+26,5		− 34	

24. *W*. **Mesures de Wolf. —** *P*. **Mesures de Pritchard. —** (*a*). Les mesures d'ascension droite de Wolf effectuées *par passages* sont affectées d'une erreur ayant pour cause la variation de l'équation personnelle avec la grandeur des étoiles. Entre la troisième et la dixième grandeur nous avons admis que cette erreur varie linéairement avec la grandeur.

(*b*). En outre, notre attention a été attirée sur une autre erreur systématique, commune aux mesures de Paris et d'Oxford, affectant seulement les différences d'ascension droite et qui, pour une cause restée inconnue, varie suivant une loi parabolique avec la déclinaison. Cette erreur apparaît nettement dans les mouvements propres que Wolf et Pritchard avaient déduits de leurs mesures comparées à celles de Bessel. Elkin l'a également mise en évidence, mais sans en donner la forme analytique.

Dans une Note insérée au *Bulletin astronomique* (¹),

(¹) LAGRULA, *Sur la comparaison des diverses mesures différentielles des Pléiades* (*Bulletin astronomique*; mars 1899).

nous avons calculé pour chaque étoile les corrections résultant des erreurs que nous venons de signaler. Elles sont déduites de la comparaison des mesures de Bessel, Elkin, Jacoby et Olsson avec celles de Wolf et de Pritchard. Voici leur expression numérique :

W. $\Delta\alpha_c = -0'',00191(\delta_* - 23^\circ 54'0)^2 - 0'',17(g - 3,0) + 0'',25,$

P. $\Delta\alpha_c = -0'',00260(\delta_* - 23^\circ 55'2)^2 + 0'',41.$

Les constantes $+0'',25$ et $+0'',41$ ont été choisies telles que pour Alcyone les $\Delta\alpha$ soient nulles, ce qui rend ces corrections directement applicables aux différences $\star - \eta$.

Dans les mesures examinées nous n'avons relevé aucune autre erreur d'allure nettement systématique pouvant apparaître par le calcul.

Remarque. — Les seules mesures dont on n'ait pas fait la comparaison à ce point de vue avec l'ensemble des autres sont : 1° celles déduites des observations méridiennes de Becker (*Astronomische Gesellschaft*), jugées à l'abri d'erreurs de ce genre et qui étaient déjà corrigées de l'influence de l'équation personnelle ; 2° les mesures de Turner à Oxford : le procédé de réduction employé corrige naturellement ces mesures des erreurs systématiques que l'on peut craindre dans la réduction des clichés ; 3° les triangulations de Battermann et d'Ambronn, trop peu nombreuses d'ailleurs, mais dont la précision est certainement comparable à celle des mesures de Bessel et d'Elkin.

Si nous appelons ε_α, ε_δ les corrections que nous venons de calculer, on obtient en les ajoutant aux $\Delta\alpha$, $\Delta\delta$ données réduites à 1873 :

$$\Delta\alpha \text{ corr.} = \Delta\alpha_{73} + \varepsilon_\alpha.$$

$$\Delta\delta \text{ corr.} = \Delta\delta_{73} + \varepsilon_\delta.$$

CHAPITRE II.

CORRECTIONS D'ORIGINE. POIDS RELATIFS DES MESURES. ÉQUATIONS DE CONDITION.

Nous avons précédemment corrigé les observations des erreurs variant systématiquement dans un même catalogue. Les différences ★ — η d'ascension droite ou de déclinaison peuvent, en outre, d'un système de mesures à un autre, présenter un écart constant provenant d'une erreur sur l'étoile choisie pour origine :

Il est certain, en effet, que les différents procédés de mesure n'assignent pas la même position relative à Alcyone ; cela est particulièrement vrai dans les mesures photographiques, où l'on a constaté que les étoiles brillantes n'impressionnent pas les clichés aussi régulièrement que les étoiles faibles. C'est d'ailleurs une des raisons qui ont conduit Jacoby à choisir l'étoile de 8e grandeur 24 p pour origine de ses mesures.

Cette erreur sur l'origine peut encore être expliquée par d'autres considérations. Ainsi, quand on a corrigé précédemment certaines mesures de leurs erreurs systématiques, comme les corrections appliquées ne se compensent pas et que la détermination des coefficients numériques servant à les calculer comporte toujours une légère incertitude, il a pu s'introduire de ce fait un petit déplacement de l'origine. D'autre part, quelle que soit la précision des mesures, la position relative de l'étoile origine dans le groupe des Pléiades reste affectée, dans chaque catalogue, d'une erreur qui se reporte naturellement sur toutes les différences ★ — η. Enfin l'existence de quelque irrégularité dans le mouvement propre d'Alcyone déterminerait des écarts analogues entre les mesures faites à des époques différentes.

Il est donc nécessaire, avant de former les équations de condition, de déterminer les corrections d'origine de chaque système de mesures. La méthode que nous allons exposer permet de calculer ces corrections en même temps que les poids relatifs des différents catalogues.

25. **Méthode adoptée.** — Supposons que les différences mesurées ★ — τ_i, relatives à n étoiles figurent dans k catalogues et pour fixer les idées soient, en ascension droite par exemple, a l'une des mesures, e l'erreur de cette mesure, erreur à laquelle on peut actuellement admettre un caractère accidentel, c la correction d'origine du catalogue qui la contient, p le poids de ce catalogue et t son époque, A_0 la vraie valeur de a à l'époque T_0 et μ sa variation dans l'unité de temps. On a évidemment pour chaque mesure

$$a + c - e = A_0 + \mu(t - T_0). \tag{1}$$

Faisons la sommation $\sum$ de toutes les équations de ce genre relatives aux étoiles d'un même catalogue et admettons, ce qui est plausible, la compensation des erreurs. Chaque catalogue fournira une équation telle que

$$\sum a + nc = \sum A_0 + (t - T_0)\sum \mu. \tag{2}$$

D'autre part pour la même étoile faisons la sommation $\mathbf{S}$ de toutes les équations (1) relatives aux divers catalogues après les avoir multipliées par les poids respectifs p; on aura, en admettant la même hypothèse,

$$\mathbf{S}pa + \mathbf{S}pc = A_0\mathbf{S}p + \mu\mathbf{S}p(t - T_0). \tag{3}$$

Jusqu'ici l'époque T_0 est arbitraire: on peut la choisir de façon à annuler le dernier terme de l'équation (3). On n'a pour cela qu'à qu'à poser

$$T_0 = \frac{Spt}{Sp};$$

on tire alors de l'équation (3)

$$A_0 = \frac{Spa + Spc}{Sp};$$

portons cette valeur dans (2), on trouve, en divisant les deux membres par n

$$c = \sum \frac{1}{n}\left(\frac{Spa}{Sp} - a\right) + \frac{1}{n}\sum \frac{Spc}{Sp} + (t - T_0)\sum \frac{\mu}{n}.$$

Soient maintenant, pour une étoile, ν la différence entre la moyenne pondérée des a et leur moyenne simple a_0, et t_0 la moyenne simple des époques. On aura

$$\frac{Spa}{Sp} - a_0 = \nu,$$
$$t - T_0 = (t - t_0) + (t_0 - T_0);$$

remarquons que

$$\frac{1}{n}\sum \frac{Spc}{Sp} = \frac{Spc}{Sp},$$

et posons

$$\sum \frac{\nu}{n} + \frac{Spc}{Sp} = l,$$

$$\sum \frac{\mu}{n} = m;$$

on aura autant d'équations de la forme

$$(4) \qquad c - l = \sum \frac{1}{n}(a_0 - a) + m(t - t_0)$$

qu'il y a de Catalogues, et dans toutes ces équations les quantités l et m sont identiques d'après leur définition. Les quantités $a_0 - a$ et $t - t_0$ sont faciles à former; on obtiendra donc toutes les corrections d'origine c à la condition de connaître les deux quantités l, m. Nous en verrons plus loin la détermination.

Formons maintenant dans chaque système de mesures les résidus

$$r = a_0 - a - \sum \frac{1}{n}(a_0 - a),$$

ainsi que la quantité $\sum \frac{r^2}{n}$. En première approximation, l'inverse de cette quantité fournirait une évaluation de la précision et, par suite, du poids de chaque Catalogue; mais cela n'est pas suffisant. En effet, d'après la formation des nombres r, chacun d'eux se compose de deux parties : 1° l'erreur accidentelle ε particulière à la mesure; 2° la quantité

$$\mu(t_0 - t) - \sum \frac{\mu}{n}(t_0 - t)$$

provenant du mouvement propre relatif de l'étoile; on a donc

$$r = \varepsilon + (t_0 - t)[\mu - m].$$

Le critérium du poids à donner à chaque mesure doit donc être en réalité fourni par l'examen des quantités $\sum \frac{\varepsilon^2}{n}$.

Or, on a

$$r^2 = \varepsilon^2 + (t_0 - t)^2[\mu - m]^2 + 2(t_0 - t)\varepsilon[\mu - m];$$

d'ailleurs les quantités

$$\mu - m = \mu - \sum \frac{\mu}{n}$$

ne sont autres que les résidus relatifs à la moyenne des μ et doivent offrir un caractère tout aussi accidentel que les ε: on peut donc négliger $\sum \varepsilon(\mu - m)$ et écrire

$$(5) \qquad \sum \frac{\varepsilon^2}{n} = \sum \frac{r^2}{n} - (t - t_0)^2 \sum \frac{(\mu - m)^2}{n} = \sum \frac{r^2}{n} - \mathrm{M}.$$

On calculera donc facilement les poids dès qu'on aura obtenu les quantités r et $(\mu - m)$.

26. **Calculs numériques. Tableaux.** — Les calculs numériques relatifs à l'application de cette méthode sont résumés dans les Tableaux suivants :

Ascensions droites.

Étoile.	K.		R.		J.		W.		C.		P.	
	$10^3(\alpha_0-\alpha)$.	$10^5 r^2$.	$10^3(\alpha_0-\alpha)$.	$10^5 r^2$.	$10^3(\alpha_0-\alpha)$.	$10^5 r^2$.	$10^3(\alpha_0-\alpha)$.	$10^5 r^2$.	$10^3(\alpha_0-\alpha)$.	$10^5 r^2$.	$10^3(\alpha_0-\alpha)$.	$10^5 r^2$.
	s	s	s	s	s	s	s	s	s	s	s	
16*g*	+16	+32	+20	+32	+39	+0	−42	+348	+20	+26	−83	+4[illegible]
17*b*	+3	2	+28	68	+39	0	−13	90	−31	123	+6	[illegible]
18*m*	−9	5	″	″	+15	53	−24	168	″	″	+53	4[illegible]
19*e*	+21	53	+19	29	+28	10	−5	48	−3	5	+54	5[illegible]
A.1	+2	2	−8	10	+47	8	+4	17	+28	58	−54	1[illegible]
A.2	+8	4	−13	22	+31	5	+6	12	+28	58	″	
A.5	−12	10	″	″	+45	5	−8	63	″	″	−24	
20*c*	+23	62	+19	29	+40	0	+17	0	−24	78	−12	[illegible]
A.7	−14	14	+19	44	+41	1	+18	0	+10	4	+20	1[illegible]
21*k*	−16	32	+6	2	+40	0	+2	22	+4	0	−40	
22*l*	+7	8	+8	4	+37	0	+21	2	+3	0	−46	[illegible]
A.8	−10	6	″	″	+47	8	+34	29	−16	40	+12	[illegible]
A.9	−18	26	−11	17	+60	48	+81	410	+6	0	−35	[illegible]
23*d*	−18	26	−9	12	+46	6	+18	0	−26	90	−30	
A.10	−15	17	−11	17	+64	68	+2	23	−21	63	−19	
A.12	−21	36	+13	12	+41	1	+23	4	+9	3	−42	[illegible]
A.13	−10	6	−33	123	+63	63	+45	78	+2	1	−42	[illegible]
A.15	−12	10	−1	1	+64	68	−24	168	+43	152	−160	
A.18	−21	36	−1	1	+47	36	+79	384	+1	1	−8	
24*p*	−11	8	+1	0	+39	0	+74	325	+4	0	−25	
A.19	+29	96	−15	29	+40	0	+16	0	0	2	+12	[illegible]
A.20	−26	58	−7	8	+22	26	+29	14	−3	5	−69	2[illegible]
A.22	+6	6	−11	17	+46	6	+1	26	+19	23	−45	[illegible]
A.23	+13	22	+3	0	+64	68	+9	6	+11	5	−43	[illegible]
A.24	+2	2	+8	4	+29	8	−5	48	−6	10	+7	[illegible]
A.27	+21	53	+25	53	+20	32	−2	36	−18	48	−10	
A.28	−12	10	″	″	+34	2	+166	″	−31	123	″	
A.29	−9	5	+19	29	+17	44	+9	6	+7	1	+38	3[illegible]
27*f*	−8	4	+3	0	−4	176	+10	5	+37	109	+34	2[illegible]
28*h*	−2	6	−2	2	+15	53	+11	4	+18	20	+38	3[illegible]
A.30	1	0	+8	4	+50	14	−9	68	+11	5	−75	3[illegible]
A.31	−10	6	+4	0	+34	2	+26	8	−22	32	−52	1[illegible]
A.32	12	10	+9	5	+11	73	+44	73	+10	4	−12	[illegible]
A.33	−13	12	+12	10	+33	3	+25	6	+24	40	−51	1[illegible]
A.34	−24	68	−14	26	+38	0	−14	96	−2	0	−74	8[illegible]
A.37	−16	20	−12	10	+35	1	+33	26	+30	68	3	[illegible]
A.38	−28	68	+11	8	+30	6	+10	5	−1	1	+28	2[illegible]
A.39	−38	160	″	″	−34	2	−8	8	+16	14	″	
A.40	−21	53	″	″	+50	14	−6	53	−30	116	″	
Moy.	2	27	2	19	+38	23	+17	71	+4	36	17	1[illegible]

Ascensions droites.

G.		E.		B.		A.		T.		O.		E — K siècle.	
$10^3(a_0-a)$.	$10^5 r^2$.	$10^3(a_0-a)$.	$10^5 r^2$.	$10^3(a_0-a)$.	$10^5 r^2$.	$10^3(a_0-a)$.	$10^5 r^2$.	$10^3(a_0-a)$.	$10^5 r^2$.	$10^3(a_0-a)$.	$10^5 r^2$.	$10^3\mu$.	$10^3(\mu-m)^2$.
8 s	+ 68 s	+21 s	+12 s	+12 s	+ 4 s	+12 s	+ 8 s	+24 s	+ 32 s	— 47 s	0 s	— 11 s	+ 26 s
5	53	— 10	40	— 3	8	—11	20	+ 5	0	— 13	109	— 28	303
8	68	+25	22	″	″	+36	109	″	″	—106	360	— 74	221
24	176	+14	2	+11	2	—11	20	+ 9	1	—161	″	+ 16	185
22	2	+19	8	″	″	″	″	+31	63	— 44	0	— 39	14
13	2	+26	26	″	″	″	″	+48	176	—109	397	— 77	250
″	″	+ 8	0	″	″	″	″	+47	168	— 57	12	— 44	29
22	160	+22	14	+19	17	— 1	2	— 1	5	—125	624	+ 63	90
12	4	— 2	14	″	″	″	″	+ 6	0	— 52	4	— 27	0
17	122	+23	17	″	″	+14	12	+13	5	— 90	194	— 16	12
10	6	+ 8	0	″	″	+ 1	0	+18	14	— 42	2	— 03	58
15	1	— 8	32	″	″	″	″	+17	53	— 26	40	— 06	44
49	96	+14	2	″	″	″	″	—10	26	— 34	14	— 71	194
26	194	— 4	20	+ 6	0	+ 6	1	+13	5	— 25	44	— 30	1
30	14	+20	10	″	″	″	″	+34	78	— 29	29	— 77	250
26	6	+17	5	″	″	+19	26	+ 3	1	— 36	10	— 85	336
4	20	+13	1	″	″	″	″	— 3	8	— 31	23	— 52	63
37	303	+28	32	″	″	″	″	+12	4	+ 12	336	— 89	384
13	3	+ 5	3	″	″	″	″	—61	449	— 27	36	— 56	84
32	20	+ 1	8	″	″	″	″	—13	36	— 38	6	— 35	0
36	32	+ 5	2	″	″	″	″	+ 5	0	— 53	5	+ 53	640
2	40	+19	8	″	″	″	″	+37	96	— 5	168	— 99	518
20	0	+ 8	0	″	″	″	″	+15	8	— 18	78	— 03	58
43	62	+18	6	″	″	″	″	+19	17	— 49	1	— 11	26
43	63	+14	2	″	″	″	″	+15	8	— 26	40	— 28	0
60	176	+17	5	″	″	″	″	+18	14	— 12	116	+ 11	144
43	62	—12	48	″	″	—20	53	—83	792	″	″	00	73
37	36	— 3	17	″	″	″	″	—16	48	— 26	40	— 13	20
28	10	— 2	14	— 3	8	— 5	6	—20	68	— 18	78	— 13	20
48	90	— 6	2	″	″	— 5	6	+18	14	— 53	5	— 19	6
6	14	—16	4	″	″	″	″	+ 4	0	— 1	202	— 39	14
26	6	—28	32	″	″	+30	29	+38	102	— 81	122	— 83	314
5	53	+10	0	″	″	″	″	— 9	1	— 99	281	— 47	40
25	5	+15	3	″	″	″	″	—46	160	— 65	36	— 61	116
36	32	— 8	32	″	″	″	″	—34	160	— 35	12	— 71	960
15	1	+ 7	1	″	″	″	″	— 6	14	— 78	102	— 52	63
40	48	— 6	2	″	″	″	″	—15	44	— 5	168	— 76	240
42	58	— 7	1	″	″	″	″	″	″	— 64	32	— 68	903
53	122	+13	1	0	4	— 8	12	″	″	+ 9	303	— 18	203
18	59	10	12	6	6	3	22	6	74	— 46	109	— 27	177

Déclinaisons.

Étoile.	K.		R.		J.		W.		C.		P.	
	$10^3(a_0-a)$.	$10^3 r^2$.	$10^3(a_0-a)$.	$10^3 r^2$.	$10^3(a_0-a)$.	$10^3 r^2$.	$10^3(a-a_0)$.	$10^3 r^2$.	$10^3(a_0-a)$.	$10^3 r^2$.	$10^3(a_0-a)$.	$10^3 r^2$.
16 *g*	+28″	+44″	−10″	32″	−7″	+6″	+21″	+10″	−9″	+3″	−12″	0″
17 *b*	+42	123	−43	260	−4	3	+10	0	+3	5	−31	29
18 *m*	−4	12	〃	〃	+9	6	+3	6	〃	〃	−2	14
19 *e*	+25	32	−36	194	−5	4	+16	3	+23	73	−91	593
A.3	−35	176	〃	〃	〃	〃	+50	152	〃	〃	〃	〃
A.4	−9	26	+22	20	−17	32	+8	1	−15	12	+46	102
A.6	−21	78	〃	〃	+8	5	+16	3	−39	122	+62	230
20 *c*	+8	0	−1	8	+8	8	+8	1	+9	17	−61	221
21 *k*	−5	14	+7	22	−16	29	0	12	−2	0	+14	78
22 *l*	+10	1	+2	4	−8	8	+1	10	−8	2	+15	0
A.9	−23	90	+43	123	−33	116	+1	10	−29	63	+61	563
23 *d*	+6	0	+27	36	+16	23	−8	36	−25	44	−46	102
A.10	+1	4	+21	17	−30	96	+19	6	−3	0	−17	1
A.11	+18	12	〃	〃	−9	10	+1	10	−10	4	〃	〃
A.12	+19	14	+31	53	−15	26	−2	17	+6	10	−61	221
A.13	−20	73	+19	12	+34	109	+13	0	+21	62	−36	48
A.15	+49	176	+7	0	−14	23	−17	78	−6	0	−64	250
A.18	+25	32	+14	4	−26	73	+2	8	−10	4	−38	58
A.19	−32	152	−23	96	+35	116	+13	0	+01	2	+22	130
A.20	+11	2	+29	44	+7	4	−4	5	+12	26	−38	58
A.22	−4	12	−29	137	+40	152	+27	26	+1	3	−47	109
A.23	+20	17	−5	17	−9	10	+18	5	−6	0	−15	0
A.24	−3	10	+37	84	−50	260	0	12	−2	0	+53	449
A.27	+42	123	−15	53	−32	109	−3	20	+10	20	+17	96
A.28	−11	32	〃	〃	−22	53	+67	314	−7	1	〃	〃
A.29	+26	36	+4	2	−13	20	+3	6	−2	0	−37	53
27 *f*	−15	48	+18	10	+24	53	0	12	−7	1	−5	8
28 *h*	+10	1	+35	73	+24	53	+12	0	+31	123	−58	194
A.30	−34	168	−9	29	+11	10	+16	3	+3	5	+81	902
A.31	+26	36	+16	6	−3	2	+111	〃	−13	8	+31	203
A.32	+2	3	+15	5	+11	10	−02	17	+20	58	+16	90
A.33	+21	20	+5	1	+1	0	+3	6	−1	1	+29	185
A.34	−5	14	+18	10	+17	26	+7	2	−9	2	−12	0
A.37	+46	152	+28	40	+2	0	+7	2	15	12	+10	58
A.38	+2	3	+17	8	+15	20	−2	17	−21	29	−1	17
A.39	+8	0	〃	〃	+59	336	−1	14	−14	10	〃	〃
A.40	+35	78	〃	〃	−32	96	−3	20	−10	4	〃	〃
Moy......	+7	+49	+8	+47	+1	+53	+11	+23	−4	+21	−14	+158

Déclinaisons.

G.		E.		B.		A.		T.		O.		E — K (siècle).	
$10^2(a_0-a)$.	$10^3 r^2$.	$10^2(a_0-a)$.	$10^3 r^2$.	$10^2(a_0-a)$.	$10^3 r^2$.	$10^2(a_0-a)$.	$10^3 r^2$.	$10^2(a_0-a)$.	$10^3 r^2$.	$10^2(a_0-a)$.	$10^3 r^2$.	$10^2 \mu$.	$10^3(\mu-m)^2$.
34″	0″	+13″	+ 4″	+13″	+ 2″	+19″	+ 44″	−21″	+ 32″	71″	+ 44″	+ 33″	+ 109″
21	14	− 4	12	0	0	0	0	+49	270	— 47	1	+102	1040
70	137	+10	1	″	″	+14	26	″	″	−103	281	− 31	96
15	32	+22	23	+ 2	4	+14	26	+87	810	77	73	+ 7	5
68	122	−16	53	″	″	″	″	+29	58	− 38	14	− 42	176
17	26	+19	14	″	″	″	″	+21	68	− 1	240	— 62	384
55	48	+33	68	″	″	″	″	+22	62	— 12	144	—120	1440
29	2	+22	22	+ 8	0	+ 1	1	+86	792	— 98	230	— 29	84
45	14	+14	5	″	″	−18	26	− 1	0	— 19	96	— 42	176
19	20	+17	10	″	″	— 6	2	— 8	2	− 8	176	− 16	26
19	20	− 6	17	″	″	″	″	— 5	0	− 26	58	− 38	144
49	26	— 7	20	+ 1	5	+11	17	− 5	0	− 14	130	+ 29	84
10	53	+13	4	″	″	″	″	− 3	0	— 10	160	— 27	73
53	40	— 1	6	″	″	″	″	−46	185	— 9	168	+ 42	176
28	2	−11	2	″	″	+20	48	−15	14	— 21	84	+ 18	32
63	90	− 5	14	″	″	″	″	−66	397	− 25	62	— 33	109
63	90	+14	5	″	″	″	″	+19	48	— 55	3	— 78	608
58	63	+11	2	″	″	″	″	−10	5	— 27	53	+ 31	96
34	0	−12	3	″	″	″	″	−13	10	— 49	0	−100	1000
49	26	+ 2	2	″	″	″	″	−27	58	48	0	− 20	40
9	58	+ 8	0	″	″	″	″	−14	29	− 32	78	— 27	73
32	0	+ 1	4	″	″	″	″	− 1	0	− 31	36	− 42	176
6	73	+ 4	1	″	″	″	″	−16	17	— 30	40	− 16	26
11	48	+15	6	″	″	″	″	+ 7	10	— 48	0	+ 60	260
45	14	−25	102	″	″	−33	96	−14	12	″	″	− 31	96
9	176	+33	68	″	″	″	″	+37	160	— 38	14	— 16	26
35	0	+ 8	0	+ 1	5	+ 1	+ 1	+16	36	− 77	73	— 51	240
27	4	+ 7	0	″	″	+ 7	— 8	−39	130	− 58	6	+ 7	5
7	68	+ 9	0	″	″	″	″	−25	48	— 63	17	— 98	960
2	122	−12	36	″	″	−40	144	−33	90	− 78	78	+ 84	706
21	14	+ 9	0	″	″	″	″	− 8	3	— 88	144	— 16	26
8	23	0	5	″	″	″	″	−27	58	− 49	0	+ 47	221
58	123	0	5	″	″	″	″	−18	22	− 64	20	— 11	12
20	17	− 4	12	″	″	″	″	−21	32	− 71	44	+111	1232
53	90	− 5	0	″	″	″	″	− 6	8	− 80	90	— 7	5
35	0	−14	5	″	″	″	″	″	″	−100	250	− 13	17
48	22	−10	1	+33	62	— 15	17	″	″	−130	640	− 56	314
33	+ 45	+ 7	14	8	11	2	33	− 3	+102	− 50	98	0	282

Les étoiles qui figurent dans ces Tableaux sont celles dont les mouvements relatifs déduits de la comparaison Elkin-Bessel (voir *Transactions*, p. 99) ne dépassent pas $0^s,10$ par siècle en ascension droite et $1'',5$ en déclinaison. Cette sélection a eu pour but d'éliminer les étoiles dont les forts mouvements introduiraient des résidus anormaux dans le calcul des poids.

Pour chacune de ces étoiles, nous avons calculé les quantités $a_0 = \mathrm{S}\frac{a}{k}$, c'est-à-dire, en ascension droite, la moyenne des $\Delta\alpha_{\text{corr.}}$ et, en déclinaison, celle des $\Delta\delta_{\text{corr.}}$ fournies par les divers Catalogues.

Nous avons inscrit, dans les Tableaux précédents, les différences $a_0 - a$ et, pour chaque système de mesures, formé la moyenne $\sum \frac{a_0 - a}{n}$, les résidus r relatifs à cette moyenne, et la quantité $\sum \frac{r^2}{n}$.

La même opération a été faite sur les mouvements relatifs adoptés en première approximation; on a obtenu ainsi les quantités m et $\sum \frac{(\mu - m)^2}{n}$.

27. Corrections d'origine adoptées. — Dans le Tableau suivant, nous avons ensuite calculé les quantités $c - l$ d'après l'équation (4) (p. 41).

			Ascensions droites.						Déclinaisons.		
			1° $m = -0^s,027$ par siècle.			2° $m = 0$.			$m = 0$.		
Cat.	$t - t_0$. ($t_0 = 1877$)	$\sum \frac{1}{n}(a_0 - a)$.	$m(t - t_0)$.	$c - l$.	c.	$c - l$.	c.	c adopt.	$c - l$.	c.	c adopt.
		s	s	s	s	s	s	s	"	"	"
K...	−37	−0,002	+0,010	+0,008	+0,004	−0,002	−0,006	0,000	+0,07	+0,03	0,0
R...	−11	+0,002	+0,003	+0,005	+0,001	+0,002	−0,002	0,000	+0,08	−0,04	0,0
J....	− 4	+0,038	+0,001	[−0,039]	+0,035	[+0,038]	+0,034	−0,034	−0,01	−0,03	0,0
W...	− 3	+0,017	+0,001	[+0,018]	+0,014	[+0,017]	+0,013	−0,013	+0,11	+0,07	0,0
C...	0	+0,004	0,000	+0,004	0,000	+0,004	0,000	0,000	+0,04	−0,08	0,
P...	− 2	−0,017	−0,001	[−0,018]	−0,022	[−0,017]	−0,021	−0,021	[−0,14]	−0,18	−0,
G...	+ 4	−0,018	−0,001	[0,019]	−0,023	[−0,018]	−0,022	0,022	[+0,33]	+0,29	+0,2
E...	+ 8	−0,010	−0,002	+0,008	+0,004	−0,010	−0,006	0,000	−0,07	−0,03	0,0
B...	+10	+0,006	−0,003	+0,003	−0,001	+0,006	+0,002	0,000	+0,08	+0,04	0,0
A...	+13	+0,003	−0,004	−0,001	−0,005	+0,003	−0,001	0,000	+0,02	−0,02	0,0
T...	+16	+0,006	−0,004	+0,002	−0,002	0,006	−0,003	0,000	0,03	−0,07	0,0
O...	−21	0,046	−0,006	[−0,052]	−0,056	[−0,046]	0,050	−0,050	[0,50]	−0,54	−0,5
				l 0,004		l 0,004			l 0,04		

Si la discussion comprenait un très grand nombre de Catalogues, on pourrait admettre que, dans leur ensemble, les corrections c recherchées deviennent accidentelles et se compensent : la moyenne des nombres $c - l$ ne serait autre que la constante l changée de signe. Mais ce n'est pas le cas ici, et, d'ailleurs, l'examen des quantités $\sum \frac{a_0 - a}{n}$ indique, *a priori*, que les corrections c seront, à quelques exceptions près, inappréciables. Il nous a donc paru meilleur, en calculant la moyenne des $c - l$, de laisser de côté les Catalogues pour lesquels ces quantités sont assez importantes et ont été écrites entre crochets dans le Tableau précédent.

Cela revient, du reste, à baser la présente recherche sur l'ensemble des mesures paraissant indemnes des erreurs que nous voulons déterminer.

D'un autre côté, nous avons pensé que la constante m, nulle en déclinaison, avait, en ascension droite, une valeur $-0^s,027$ par siècle trop faible pour que l'on puisse suffisamment en répondre, ainsi que des légères modifications qu'elle apporte au présent calcul. C'est pourquoi, en ascension droite, nous avons également adopté $m = 0$. On s'est, du reste, assuré qu'avec l'une ou l'autre de ces valeurs on obtient des résultats c presque identiques.

Parmi les corrections c ainsi calculées, nous avons adopté comme nulles celles qui ne dépassent pas $\pm 0^s,006$ en ascension droite et $\pm 0'',08$ en déclinaison, quantités que les Tableaux (p. 44 et suiv.) indiquent certainement inférieures à l'erreur moyenne probable de leur détermination.

Remarque. — L'application rigoureuse de la méthode exposée aurait exigé que les étoiles choisies figurassent toutes dans chaque Catalogue.

Pratiquement, cela eût été impossible, cette condition ne pouvant être réalisée que pour un nombre trop restreint d'étoiles. Nous avons tenu compte, dans une certaine mesure, de cette divergence entre la méthode théorique et son application, en prenant pour valeur de t_0, non pas la moyenne simple (1879), mais la moyenne pondérée (1877) des dates t, à chacune desquelles on a attribué un poids égal au nombre d'étoiles employées dans chaque Catalogue.

28. **Poids adoptés.** — Dans le Tableau suivant, nous avons calculé les quantités qui, d'après la formule (5) (p. 43) doivent servir de *criterium* dans la détermination des poids à donner à chaque système de mesures dans les équations finales :

Cat.	Ascensions droites.					Déclinaisons.				Échelle des poids.		
	$\left(\frac{t-t_0}{100}\right)^2$.	$10^5 \sum \frac{r^2}{n}$.	10^5 M.	$10^5 \sum \frac{\varepsilon^2}{n}$.	Poids ad.	$10^3 \sum \frac{r^2}{n}$.	10^3 M.	$10^3 \sum \frac{\varepsilon^2}{n}$.	Poids ad.	$\sum \frac{\varepsilon^2}{n} \times 10^5$ en α. $\times 10^3$ en δ.		Poids
K....	0,137	27	24	3	10	49	39	10	10	de 0	à 16...	10
R....	0,012	19	2	17	9	47	3	44	8	16	32...	9
J....	0,002	23	0	23	9	53	1	52	7	32	48...	8
W...	0,001	70	0	70	6	23	0	23	9	48	64...	7
C....	0,000	36	0	36	8	21	0	21	9	64	80...	6
P....	0,000	157	0	157	1	158	0	158	1	80	96...	5
G....	0,002	59	1	58	7	45	1	44	8	96	112...	4
E....	0,006	12	2	10	10	14	2	12	10	112	128...	3
B....	0,010	6	2	4	10	11	4	7	10	128	144...	2
A....	0,017	22	3	19	9	33	5	28	9	144	160...	1
T....	0,026	74	4	70	6	102	7	95	5			
O....	0,044	109	8	101	4	98	12	86	5			

D'après la théorie des erreurs, les poids devraient être inversement proportionnels aux quantités $\sum \frac{\varepsilon^2}{n}$. Toutefois, on ne peut accorder une confiance trop absolue aux nombres ainsi déterminés. Il est certain, en effet, que dans l'appréciation si délicate des poids, beaucoup de circonstances inconnues doivent échapper au calcul. D'ailleurs, les différentes méthodes employées par les astronomes qui se sont occupés de la formation d'un Catalogue montrent que cette détermination est toujours quelque peu livrée au sentiment de chacun. Nous avons donc suivi les coutumes habituelles en nous laissant, dans l'évaluation du poids, une certaine latitude au moyen de l'échelle figurant dans le Tableau précédent.

29. Examen critique des mesures. — La classification des mesures d'après leur poids indique la grande supériorité des mesures héliométriques. Il est intéressant de constater que, parmi ces mesures, les plus anciennes, celles de Bessel, n'ont pas été dépassées en précision par celles plus récentes d'Elkin, Battermann et Ambronn. A première vue il semble que, malgré les progrès de l'art photographique appliqué à l'Astronomie, les premiers clichés obtenus par Rutherfurd et Gould ont fourni des résultats meilleurs que les clichés modernes de Turner et d'Olsson. Mais ce résultat n'est qu'apparent, car, dans cette appréciation, il est indispensable de tenir compte du nombre de clichés mesurés, savoir :

Mesure.	Nombre de clichés.	Poids α.	Poids δ.
R..........................	20	9	8
J..........................	10	9	7
G..........................	13	8	9
T..........................	3	6	5
O..........................	1	4	5

On voit alors que les mesures photographiques modernes ne le cèdent en rien aux anciennes. En particulier celles d'Olsson, faites sur un seul cliché, paraissent comporter une grande précision due certainement à l'emploi d'un réseau très bien étudié provenant de l'atelier P. Gautier, à Paris. Il est seulement regrettable que ces mesures n'aient pas été répétées sur un plus grand nombre de clichés.

C'est pour la même raison que les mesures différentielles des Pléiades déduites de 2 ou 3 zones seulement des *Astronomische Gesellschaft* apparaissent avec un poids un peu inférieur à celui des observations héliométriques.

Le poids un peu moindre accordé en ascension droite aux mesures de Wolf semble indiquer que la méthode des Passages employée par cet astronome ne comporte pas autant d'exactitude que les précédentes. En revanche, ses mesures de déclinaison montrent qu'un bon emploi du micromètre permet d'atteindre presque la même précision.

Enfin le faible poids des mesures de Pritchard au micromètre double et les erreurs systématiques considérables que nous y avons relevées en ascension droite indiquent que ce procédé comporte probablement d'autres erreurs inconnues qui en altèrent notablement la valeur.

30. **Équations de condition.** — En appliquant aux quantités $\Delta\alpha_{corr}$, $\Delta\delta_{corr}$ antérieurement déterminées les corrections que nous venons de calculer, nous avons obtenu les $\Delta\alpha_{ad}$, $\Delta\delta_{ad}$. Dans les Tableaux (p. 53 et suiv.) nous donnons ces quantités, les poids correspondants ainsi que les résultats, pour chaque étoile, de la résolution par les moindres carrés des équations de condition telles que

$$\Delta\alpha_{ad} = \Delta\alpha_0 + \mu(t - t_0) \qquad \text{en ascension droite,}$$
$$\Delta\delta_{ad} = \Delta\delta_0 + \nu(t - t_0) \qquad \text{en déclinaison.}$$

Dans ces équations, t_0 représente l'époque moyenne des observations, $\Delta\alpha_0$, $\Delta\delta_0$ les positions relatives à cette époque, μ et ν les mouvements propres relatifs par siècle.

Nous avons également calculé les résidus O — C, *observation-calcul*, et les erreurs moyennes quadratiques des inconnues quand le nombre des équations a été suffisant.

Les époques moyennes t_0 ayant été trouvées sensiblement les mêmes en ascension droite et en déclinaison, nous avons écrit dans les Tableaux précédents une seule date (en années rondes) pour chaque étoile.

Les mouvements propres n'ont été recherchés que pour les étoiles dont on disposait de trois mesures au moins. Pour les autres on a seulement fait le calcul des positions moyennes. Quelques résultats relatifs à de petites étoiles dont on ne possédait pas suffisamment d'observations nous ont paru douteux; on les a indiqués comme on le fait ordinairement par le signe (:).

Enfin un certain nombre de mesures trop discordantes ont été rejetées dans la résolution des équations de condition : ce sont celles que nous avons inscrites entre crochets dans les Tableaux suivants :

Cat.	t.	Δα 1873.	Δα ad.	p.	O. — C.	Δδ 1873.	Δδ ad.	p.	O. — C.
					Wolf 11.				
J.....	73	— 899s	— 865s	9	— 005s	— 6,00″	— 6,00″	7	00″
G.....	81	— 851	— 873	7	— 14	+ 5,46	5,75	8	+ 05
E.....	85	909	909	10	— 08	— 5,55	— 5,55	10	01
	1880		— 3m.45s.884				— 15′.35″,74		
			— 0,34				3.7		
					Wolf 12.				
J.....	73	— 539	— 505	9	″	— 5,64	— 5,64	7	″
G.....	81	— 448	— 470	7	″	— 6,53	6,24	8	″
	1877		— 3.45,49				— 27.55,9		
					Wolf 20.				
J.....	73	— 466	— 432	9	000	+ 5,20	+ 5,20	7	— 01
G.....	81	— 430	— 452	7	— 03	+ 4,70	— 4,99	8	— 08
E.....	85	— 457	— 457	10	00	— 4,74	+ 4,74	10	— 03
	1880		— 3.29,447				— 26.34,95		
			— 0,21				— 3,7		
					Wolf 22.				
W....	74	— 877	— 933	6	″	— 7,43	— 7,43	9	″
	1874		— 3.28,93				— 1.57,4		
					Wolf 23.				
G.....	81	— 899	— 921	7	″	2,70	— 2,41	8	″
	1881		— 3.28,92				— 13.52,4		
					Wolf 39.				
W....	74	— 683	— 746	6	″	1,85	1,85	9	″
	1874		3.13,75				— 0.41,8		
					Wolf 40.				
G....	81	— 285	— 307	7	″	+ 7,35	+ 7,64	8	″
	1881		3.10,31				— 45.37,6		
					Wolf 47.				
J.....	73	055	021	9	001	+ 1,29	+ 1,29	7	— 43
W....	74	969	— 017	6	— 04	+ 0,60	— 0,60	9	24
G.....	″	— 232	— [233]	″	″	— 0,56	— [9,96]	″	″
G.....	81	— 992	— 014	7	+ 09	— 0,96	— 0,55	8	— 18
E.....	85	— 035	— 035	10	11	— 0,70	0,70	10	04
T.....	93	— 023	— 023	6	— 03	+ 0,40	0,40	5	— 12
O.....	98	972	— 022	4	— 05	1,15	— 0,61	5	+ 17
	1883		3.5,023				— 1.10,70		
			0,028				— 1,70		

Cat.	t.	Δα 1873.	Δα ad.	p.	O.–C.	Δδ 1873.	Δδ ad.	p.	O.–C.
					Wolf 51.				
J.....	73	— 656	— 6[illegible]	9	— 003	+ 5,37	+ 5,37	7	— 06
G.....	81	— 604	— 626	7	— 09	+ 4,96	+ 4,96	8	+ 24
E.....	85	— 649	— 649	10	— 06	+ 4,70	+ 4,70	10	— 09
	1880		3m 3s.633				+16′55″,06		
			—0,20				—5,3		
					16 g Celeno.				
K.....	40	— 888	— 888	10	— 001	+ 8,98	+ 8,98	10	— 07
R.....	66	— 880	— 892	9	— 03	+ 9,95	+ 9,36	8	+ 20
J.....	73	— 911	— 877	9	+ 12	+ 9,33	+ 9,33	7	+ 15
W....	74	— 813	[— 817]	6	»	+ 9,05	+ 9,05	9	— 14
C.....	77	— 881	— 892	8	— 04	+ 9,87	+ 9,35	9	— 15
P.....	79	— 816	[— 810]	1	»	+ 9,38	+ 9,20	1	— 01
G.....	81	— 880	— 902	7	— 14	+ 8,92	+ 9,21	8	— 01
E.....	85	— 893	— 893	10	— 05	+ 9,13	+ 9,13	10	— 10
B.....	87	— 883	— 883	10	— 04	+ 9,13	+ 9,13	10	— 11
A.....	90	— 884	— 884	9	+ 04	+ 9,07	+ 9,07	9	+ 18
T.....	93	— 896	— 896	6	— 08	+ 9,47	+ 9,47	5	+ 21
O.....	98	— 825	— 875	4	— 13	+ 9,97	+ 9,43	5	+ 15
	1877		—2.40.888	±0,003			+10.39.20	±0,04	
			—0,002	±0,019			—0,40	±0,28	
					Wolf 65.				
G.....	81	— 529	— 551	7	»	— 3,98	— 3,69	8	»
O.....	98	— 593	— 643	4	»	— 2,06	— 2,60	5	»
	1887		— 2.38.58				—31.23,3		
					17 b Électre.				
K.....	40	— 077	— 077	10	— 002	+ 5,42	+ 5,42	10	— 24
R.....	66	— 095	— 095	9	— 21	+ 6,84	+ 6,27	8	+ 51
J.....	73	— 106	— 072	9	+ 01	+ 5,88	+ 5,88	7	+ 09
W....	74	— 038	— 041	6	+ 22	+ 5,74	+ 5,74	9	— 05
C.....	77	— 026	— 036	8	+ 37	+ 6,32	+ 5,81	9	+ 01
P.....	79	— 073	— 094	1	21	+ 6,15	+ 5,97	1	+ 16
G.....	81	— 072	— 094	7	— 21	+ 5,63	+ 5,92	8	+ 10
E.....	85	— 064	— 064	10	+ 09	+ 5,88	+ 5,88	10	05
B.....	87	— 071	— 071	10	— 01	+ 5,84	+ 5,84	10	00
A.....	90	— 063	— 063	9	+ 09	+ 5,84	+ 5,84	9	01
T.....	93	— 079	— 079	6	07	+ 5,35	+ 5,35	5	51
O.....	98	— 054	— 104	4	32	+ 6,31	+ 5,77	5	— 11
	1877		—2.36.073	±0.006			0.5.80	±0.07	
			0.006	0.039			0.36	0.44	

JACOBY 8.

Cat.	t.	Δα 1873.	Δα ad.	p.	O.−C.	Δδ 1873.	Δδ ad.	p.	O.−C.
J.....	73	— 964 (s)	— 930 (s)	9	" (s)	— 3,49 (")	— 3,49 (")	7	" (")
G.....	81	— 855	— 877	7	"	— 4,37	— 4,08	8	"
	1877		— 2.34,90 (m s)				— 50.33,8 (′ ″)		

WOLF 72.

Cat.	t.	Δα 1873.	Δα ad.	p.	O.−C.	Δδ 1873.	Δδ ad.	p.	O.−C.
J.....	73	— 572	— 538	9	— 015	+ 8,78	+ 8,78	7	+ 23
W....	74	— 453	— 492	6	+ 33	+ 8,20	+ 8,20	9	— 35
C.....	78	— 548	— 557	8	— 26	+ 9,30	+ 8,84	9	+ 28
G.....	81	— 470	— 492	7	+ 47	+ 8,26	+ 8,55	8	— 01
E.....	85	— 557	— 557	10	— 15	+ 8,47	+ 8,47	10	— 09
T.....	93	— 564	— 564	6	— 10	+ 8,44	+ 8,44	5	— 13
O.....	98	— 497	— 547	4	+ 14	+ 9,26	+ 8,72	5	+ 14
	1882	— 2.22,537				+ 9. 8,56			
		— 0,152				+ 0,11			

WOLF 73.

Cat.	t.	Δα 1873.	Δα ad.	p.	O.−C.	Δδ 1873.	Δδ ad.	p.	O.−C.
J.....	73	— 216	— 182	9	+ 004	— 0,16	— 0,16	7	+ 64
C	78	— 235	— 210	8	— 30	— 1,19	— 1,65	9	— 83
G.....	81	— 125	— 147	7	+ 30	— 1,04	— 0,75	8	+ 08
E.....	85	— 168	— 168	10	+ 05	— 0,63	— 0,63	10	+ 22
T.....	93	— 165	— 165	6	— 01	— 0,95	— 0,95	5	— 07
O.....	98	— 116	— 166	4	— 07	— 0,24	— 0,78	5	+ 12
	1883	— 2.22,175				— 24.30,84			
		+ 0,108				— 0,38			

18 M.

Cat.	t.	Δα 1873.	Δα ad.	p.	O.−C.	Δδ 1873.	Δδ ad.	p.	O.−C.
K.....	40	— 019	— 019	10	— 001	+ 1,61	+ 1,61	10	+ 09
J.....	73	— 043	— 009	9	+ 21	+ 1,48	+ 1,48	7	— 03
W....	74	— 852	— 991	6	+ 40	+ 1,54	+ 1,54	9	+ 03
P.....	79	— 939	— 100	1	— 69	+ 1,59	+ 1,41	1	— 10
G.....	81	— 036	— 058	7	— 25	+ 0,87	+ 1,16	8	— 35
E.....	85	— 053	— 053	10	— 18	+ 1,47	+ 1,47	10	— 04
A.....	90	— 063	— 063	9	— 27	+ 1,43	+ 1,43	9	— 08
O.....	98	— 922	— 972	4	+ 68	+ 2,60	+ 2,06	5	+ 55
	1875	— 2.21,031		± 0,011		+ 43.41,51		± 0,09	
		— 0,038		± 0,063		— 0,02		± 0,49	

19 *e* TAYGÈTE.

Cat.	t.	Δα 1873.	Δα ad.	p.	O.−C.	Δδ 1873.	Δδ ad.	p.	O.−C.
K.....	40	— 217	— 217	10	— 002	+ 2,67	+ 2,67	10	+ 05
R.....	66	— 190	— 215	9	— 07	+ 3,78	+ 3,28	8	— 43
J.....	73	— 224	— 190	9	+ 16	+ 2,97	+ 2,97	7	+ 23
W....	74	— 167	— 178	6	+ 28	+ 2,76	+ 2,76	9	+ 02

Cat.	t.	Δα 1873.	Δα ad.	p	O — C.	Δδ 1873.	Δδ ad.	p	O — C
C.....	77	s 171	s — 193	8	s + 12	− 3,14	″ + 2,69	9	″ − 06
P.....	79	— 264	[— 271]	1	″	+ 3,82	— 3,64	1	+ 88
G.....	81	— 220	— 242	7	38	+ 2,77	+ 3,06	8	+ 30
E.....	85	— 210	— 210	10	— 07	— 2,70	+ 2,70	10	+ 08
B.....	87	— 207	— 267	10	+ 05	— 2,90	— 2,90	10	— 11
A.....	90	— 185	— 185	9	— 17	— 2,78	+ 2,78	9	+ 02
T.....	93	— 205	— 205	6	— 04	+ 2,05	+ 2,05	5	— 76
O.....	98	035	[— 085]	4	″	3,69	+ 3,15	5	+ 33
	1877	m s 2.17.205			0,006	— 21.22,75		± 0,09	
		0,026			± 0,036	± 0,35		± 0,57	

WOLF 84.

Cat.	t.	Δα 1873.	Δα ad.	p	O — C.	Δδ 1873.	Δδ ad.	p	O — C
J.....	73	— 247	— 213	9	+ 001	— 0,99	+ 0,99	7	+ 09
G.....	81	— 224	— 243	7	— 19	+ 0,79	+ 1,08	8	+ 13
E.....	85	— 235	— 255	10	— 15	— 0,79	+ 0,79	10	— 18
O.....	98	124	— 174	4	+ 31	+ 1,62	— 1,08	5	+ 03
	1883	+ 2,10.232				— 48.40,96			
		± 0.12				± 0,6			

WOLF 86.

Cat.	t.	Δα 1873.	Δα ad.	p	O — C.	Δδ 1873.	Δδ ad.	p	O — C
W.....	74	390	— 371	6	″	— 5,20	— 5,20	9	″
O.....	98	— 102	— 152	4	″	+ 6,95	— 6,41	5	″
	1883	2. 9,281				— 4. 5,6			

JACOBY 14.

Cat.	t.	Δα 1873.	Δα ad.	p	O — C.	Δδ 1873.	Δδ ad.	p	O — C
J.....	73	— 049	— 015	9	″	8,78	— 8,78	7	″
G.....	81	— 003	— 025	7	″	— 9,99	9,70	8	″
	1877	— 2. 3.02				— 54.19,3			

AN. 1.

Cat.	t.	Δα 1873.	Δα ad.	p	O — C.	Δδ 1873.	Δδ ad.	p	O — C
K.....	70	+ 335	+ 335	10	— 006	— 9,89	+ 9,89	10	+ 09
R.....	65	330	+ 325	9	+ 14	— 9,89	+ 0,77	8	+ 05
J.....	73	— 380	— 346	9	— 04	+ 0,55	— 0,55	7	+ 16
W.....	74	+ 260	+ 304	6	+ 18	— 0,60	0,60	9	+ 18
C.....	77	366	361	8	— 18	0,15	0,55	9	09
P.....	79	357	301	1	44	0,41	+ 0,39	1	— 12
G.....	81	311	+ 333	7	12	1,09	0,80	8	+ 29
E.....	85	350	350	10	+ 06	0,55	0,55	10	01
T.....	93	364	364	6	— 15	0,69	+ 0,69	5	+ 03
O.....	98	— [illegible]	389	4	+ 12	+ 9,71	0,25	5	— 48
	1877	2. 2.342			0,005	4.30,42		0,07	
		0,057			0,009	1,28		0,41	

Cat.	t.	$\Delta\alpha$ 1873.	$\Delta\alpha$ ad.	p.	O. — C.	$\Delta\delta$ 1873.	$\Delta\delta$ ad.	p.	O. — C.
				An. 2.					
K.....	40	s 285	s — 285	10	s — 001	″ + 2,94	″ — 2,94	10	″ + 12
R.....	66	— 255	— 280	9	— 15	— 2,40	+ 1,98	8	— 30
J.....	73	— 324	— 290	9	— 08	+ 2,25	— 2,25	7	— 11
W....	74	— 236	— 286	6	— 12	— 1,73	+ 1,73	9	— 27
C.....	77	— 299	— 321	8	— 22	— 2,70	— 2,33	9	— 27
G.....	81	— 280	— 302	7	— 01	— 1,73	+ 2,02	8	+ 04
E.....	85	— 319	— 319	10	— 16	+ 1,96	+ 1,96	10	— 07
T.....	93	— 341	— 341	6	— 35	— 1,97	+ 1,97	5	— 24
O.....	98	— 184	— 234	4	+ 74	— 2,02	+ 1,48	5	— 15
	1874	— 1.55,298			± 0,009	— 21.12.12		± 0,07	
		— 0.042			± 0,055	— 2,05		± 0,46	
				An. 3.					
K.....	40	— 203	— 203	10	000	— 5,84	— 5,84	10	— 17
W....	74	— 198	— 262	6	— 32	— 6,69	— 6,69	9	— 47
G....	81	— 163	— 185	7	+ 51	— 6,87	— 6,58	8	— 31
E.....	85	250	— 250	10	— 11	6,03	— 6,03	10	+ 26
T.....	93	— 262	— 262	6	— 23	— 5,90	— 5,90	5	— 45
O.....	98	— 193	— 243	4	— 06	— 5,81	— 6,35	5	+ 3
	1875	— 1.53.231				— 1.36.23			
		— 0.080				— 0,64			
				An. 4					
K.....	40	— 553	— 553	10	+ 003	+ 2,89	+ 2,89	10	— 06
R.....	66	— 574	— 590	9	— 02	— 2,99	+ 2,58	8	— 22
J.....	73	— 633	— 599	9	+ 02	— 2,97	— 2,97	7	— 21
W....	74	— 592	— 614	6	— 11	— 2,72	+ 2,72	9	— 03
C.....	77	— 592	— 606	8	— 01	— 3,31	— 2,95	9	— 23
P.....	79	— 630	— 624	1	— 16	— 3,26	— 3,08	1	+ 36
G.....	81	— 605	— 627	7	— 15	— 2,63	— 2,92	8	— 21
E.....	85	— 611	— 611	10	— 007	— 2,61	+ 2,61	10	— 08
T.....	93	— 620	— 620	6	+ 09	— 2,59	— 2,59	5	— 05
O....	98	— 473	— [523]	4	″	— 2,81	— 2,27	5	— 34
	1874	— 1.51.603			± 0,003	— 13.32.75		± 0.06	
		— 0.137			± 0.018	— 0.59		± 0.40	
				An. 5.					
K....	40	— 091	— 091	10	— 003	— 3,93	— 3,93	10	— 12
J.....	73	— 148	— 114	9	— 08	+ 2,95	— 2,95	7	— 21
W....	74	— 094	— 082	6	+ 25	— 2,94	— 2,94	9	— 20
P....	79	— 047	— 090	1	— 10	— 4,50	— [4,32]	1	″
E....	85	111	111	10	— 02	2,89	+ 2,89	10	— 04
T.....	93	150	— 150	4	— 32	— 2,88	— 2,88	5	— 11
O....	98	046	096	4	— 24	— 3,47	— 2,93	5	— 26
	1874	1.50.107			± 0,008	— 31. 3.13		± 0,08	
		— 0,055			± 0,039	1,97		± 0,42	

Cat.	t.	Δα 1873.	Δα ad.	p.	O.−C.	Δδ 1873.	Δδ ad.	p.	O−C.

WOLF 106.

Cat.	t.	Δα 1873.	Δα ad.	p.	O.−C.	Δδ 1873.	Δδ ad.	p.	O−C.
E....	85	− 962 s	− 962 s	10	″ s	+ 7,28 ″	+ 7,28 ″	10	″ ″
O....	98	− 918	− 968	4	″	+ 7,73	+ 7,19	5	″
	1889	−1.48.964 (m s)				+47′.47″.25			

AN. 6.

Cat.	t.	Δα 1873.	Δα ad.	p.	O.−C.	Δδ 1873.	Δδ ad.	p.	O−C.
K....	40	− 830	− 830	10	− 001	+ 4,80	+ 4,80	10	+ 14
J.....	73	− 911	− 877	9	− 07	+ 4,51	+ 4,51	7	− 02
W....	74	− 799	− 837	6	+ 35	+ 4,43	+ 4,43	9	− 09
C....	77	− 908	− 919	8	− 43	+ 5,33	+ 4,98	9	+ 47
P....	79	− 792	− 786	1	+ 91	+ 5,21	+ 5,03	1	+ 53
G....	81	− 843	− 865	7	+ 16	+ 4,04	+ 4,33	8	− 16
E....	85	− 881	− 881	10	+ 05	+ 4,26	+ 4,26	10	− 22
T.....	93	− 905	− 905	6	− 09	+ 4,37	+ 4,37	5	− 7
O....	98	− 853	− 903	4	00	+ 4,71	+ 4,17	5	− 25
	1875	−1.47.873		±0,009		+10.44.52		±0,09	
		−0,127		±0,052		−0,42		±0,53	

20 c MAIA.

Cat.	t.	Δα 1873.	Δα ad.	p.	O.−C.	Δδ 1873.	Δδ ad.	p.	O−C.
K....	40	− 938	− 938	10	+ 007	+ 0,27	+ 0,27	10	− 04
R....	66	− 916	− 934	9	− 05	+ 0,73	+ 0,36	8	+ 07
J.....	73	− 955	− 921	9	+ 04	+ 0,43	+ 0,43	7	+ 15
W....	74	− 929	− 919	6	+ 05	+ 0,27	+ 0,27	9	− 01
C.....	77	− 875	− 891	8	+ 31	+ 0,59	+ 0,26	9	− 02
P....	79	− 929	− 924	1	− 03	+ 0,96	+ 0,78	1	+ 50
G....	81	− 937	− 959	7	− 40	+ 0,06	+ 0,35	8	+ 07
E.....	85	− 937	− 937	10	− 20	+ 0,14	+ 0,14	10	− 13
B.....	87	− 933	− 933	10	− 18	+ 0,27	+ 0,27	10	00
A....	90	− 903	− 903	9	+ 11	+ 0,34	+ 0,34	9	+ 07
T.....	93	− 914	− 914	6	− 02	+ 9,49	+ 9,49	5	− 78
O....	98	− 790	− 840	4	− 69	+ 1,33	+ 0,79	5	+ 53
	1877	−1.39,922		±0,007		+15.30,28		±0,07	
		+0,062		±0.046		−0,09		±0,49	

JACOBY 21.

Cat.	t.	Δα 1873.	Δα ad.	p.	O.−C.	Δδ 1873.	Δδ ad.	p.	O−C.
J.....	73	− 241	− 207	9	″	− 3,33	− 3,33	7	″
G....	81	− 132	− 154	7	″	− 4,23	− 3,94	8	″
	1877	−1.37,18				−57.43,7			

AN. 7.

Cat.	t.	Δα 1873.	Δα ad.	p.	O.−C.	Δδ 1873.	Δδ ad.	p.	O−C.
K....	40	− 930	− 930	10	000	− 2,75	− 2,75	10	+ 17
R....	66	− 930	− 925	9	+ 16	− 2,90	− 3,26	8	− 04
J.....	73	− 985	− 951	9	− 07	− 3,17	− 3,17	7	+ 13
W....	74	− 888	− 949	6	− 05	− 3,39	− 3,39	9	− 08
C.....	77	− 958	− 954	8	− 09	− 3,05	− 3,36	9	− 02
P.....	79	− 943	− 985	1	− 39	− 2,36	2,54	1	− 8

		Δα 1873.	Δα ad.	p.	O.—C.	Δδ 1873.	Δδ ad.	p.	O.—C.
		s	s		s	"	"		"
G....	81	— 932	— 954	7	— 07	— 3,93	— 3,64	8	— 25
E....	85	— 942	— 942	10	+ 06	— 3,48	— 3,48	10	— 05
T.....	93	— 950	— 950	6	+ 02	— 3,48	— 3,48	5	+ 05
O....	98	— 892	— 942	4	+ 12	— 2,61	— 3,15	5	+ 43
1874		—1.36,944 (m s)		±0,003		—1.13,31		±0,07	
		—0,040		±0,021		—1,14		±0,42	

21 *k* Astérope.

K....	40	— 615	— 615	10	— 001	+ 3,47	+ 3,47	10	— 05
R....	66	— 574	— 605	9	+ 06	+ 3,84	+ 3,49	8	+ 05
J.....	73	— 639	— 605	9	+ 04	+ 3,58	+ 3,58	7	— 16
W....	74	— 548	— 588	6	+ 21	+ 3,42	+ 3,42	9	00
C.....	77	— 575	— 603	8	+ 06	+ 3,75	+ 3,44	9	+ 03
P....	79	— 551	— 579	1	+ 29	— 3,28	— 3,10	1	— 30
G....	81	— 616	— 638	7	— 30	+ 2,97	+ 3,26	8	— 13
E....	85	— 622	— 622	10	— 14	+ 3,28	+ 3,28	10	— 10
A....	90	— 613	— 613	9	— 06	+ 3,60	+ 3,60	9	+ 23
T....	93	— 612	— 612	6	— 06	+ 3,43	+ 3,43	5	+ 07
O....	98	— 509	— 559	4	+ 47	+ 3,61	+ 3,07	5	— 27
1876		—1.35,609		±0,006		+26.43,41		±0,04	
		—0,015		±0,035		—0,30		±0,28	

22 *l* Astérope.

K....	40	— 132	— 132	10	— 001	+ 8,68	+ 8,68	10	— 09
R....	66	— 104	— 133	9	— 01	+ 9,08	+ 8,76	8	00
J.....	73	— 162	— 128	9	+ 04	+ 8,86	+ 8,86	7	+ 11
W....	74	— 093	— 133	6	— 01	+ 8,77	+ 8,77	9	+ 02
C....	77	— 102	— 128	8	+ 34	— 9,14	— 8,86	9	+ 11
P....	79	— 079	— 100	1	+ 32	+ 8,93	+ 8,75	1	00
G....	81	— 115	— 137	7	— 05	+ 8,59	+ 8,88	8	+ 13
E....	85	— 133	— 133	10	— 01	+ 8,61	+ 8,61	10	— 13
A....	90	— 126	— 126	9	— 06	+ 8,84	+ 8,84	9	+ 10
T.....	93	— 143	— 143	6	— 10	+ 8,86	+ 8,86	5	+ 12
O....	98	— 083	— 133	4	00	+ 8,86	+ 8,32	5	— 42
1876		—1.27,132		±0,002		+25.8,75		±0,05	
		—0,003		±0,012		—0,06		±0,30	

Wolf 137.

C.....	81	623	— 620	8	"	— 6,80	— 7,06	9	"
O....	98	— 569	— 619	4	"	— 5,33	— 5,87	5	"
1887		—1.20,62				—2.56,6:			

Cat.	t.	Δα 1873.	Δα ad.	p.	O.−C.	Δδ 1873.	Δδ ad.	p.	O.−C.
					An. 8.				
K....	40	− 325ˢ	− 325ˢ	10	− 004ˢ	+ 2″,45	+ 2″,45	10	− 17″
J.....	73	− 382	− 348	9	− 13	+ 3,76	+ 3,76	7	+ 31
W....	74	− 324	− 356	6	− 21	+ 3,42	+ 3,42	9	− 05
C.....	77	− 314	− 319	8	− 16	+ 4,15	+ 3,91	9	+ 36
P.....	79	− 365	− 368	1	− 32	+ 3,04	+ 2,86	1	− 74
G....	81	− 320	− 342	7	− 06	+ 3,52	+ 3,81	8	+ 16
E....	85	− 327	− 327	10	− 10	+ 3,72	+ 3,72	10	− 03
T.....	93	− 318	− 318	6	+ 20	+ 3,59	+ 3,59	5	− 36
O.....	98	− 309	− 359	4	− 20	+ 4,34	+ 3,80	5	− 28
	1875	−1ᵐ.15ˢ,335			±0,005	−5′.13″,50			±0,10
		−0,016			±0,032	+2,50			±0,58
					An. 9.				
K.....	40	− 051	− 051	10	+ 009	+ 3,95	+ 3,95	10	+ 07
R.....	66	− 052	− 058	9	+ 13	+ 3,56	+ 3,29	8	− 50
J.....	73	− 129	− 095	9	− 21	+ 4,05	+ 4,05	7	− 29
W....	74	− 101	− 137	6	− 63	+ 3,71	+ 3,71	9	− 05
C.....	77	− 070	− 075	8	00	+ 4,25	+ 4,01	9	+ 26
P.....	79	− 051	− 055	1	+ 21	+ 3,10	+ 2,92	1	− 81
G.....	81	− 020	− 042	7	− 35	+ 3,53	+ 3,82	8	+ 09
E.....	85	− 083	− 083	10	− 04	+ 3,78	+ 3,78	10	+ 06
T.....	93	− 059	− 059	6	− 23	+ 3,77	+ 3,77	5	+ 08
O.....	98	− 035	− 085	4	− 01	+ 3,98	+ 3,44	5	− 23
	1874	−1.13,074			±0,009	+4.53,76			±0,09
		−0,041			±0,054	−0,36			±0,54
					23 *d* Merope.				
K....	40	− 805	− 805	10	+ 001	− 5,03	− 5,03	10	02
R.....	66	− 825	− 814	9	− 06	− 4,99	− 5,24	8	− 22
J.....	73	− 869	− 835	9	− 11	− 5,13	− 5,13	7	− 13
W....	74	− 774	− 828	6	− 04	− 4,89	− 4,89	9	+ 13
C.....	77	− 807	− 797	8	− 29	− 4,50	− 4,72	9	− 30
P.....	79	− 736	− 815	1	+ 13	− 4,51	− 4,69	1	+ 33
G.....	81	− 849	− 871	7	− 43	− 5,46	− 5,17	8	− 15
E.....	85	− 819	− 819	10	+ 11	− 4,90	− 4,90	10	+ 12
B.....	87	− 829	− 829	10	− 02	− 4,98	− 4,98	10	+ 04
A.....	90	− 829	− 829	9	+ 04	− 5,09	− 5,09	9	06
T.....	93	− 836	− 836	6	01	− 4,92	− 4,92	5	+ 10
O.....	98	− 798	− 848	4	− 11	− 4,83	− 5,37	5	− 35
	1877	−1.8,826			±0,005	−9.35,02			±0,05
		−0,055			±0,033	−0,02			±0,35

Cat.		Δα 1873.	Δα ad.	p.	O—C.	Δδ 1873.	Δδ ad.	p.	O.—C.
An. 10.									
K.....	40	— 019^s	— 019^s	10	— 006^s	+ 0,04"	+ 0,04"	10	— 04"
R.....	66	— 013	— 023	9	+ 08	+ 0,07	— 9,84	8	— 19
J.....	73	— 098	— 064	9	— 28	+ 0,35	+ 0,35	7	+ 34
W....	74	— 999	— 023	6	+ 14	+ 9,86	— 9,86	9	— 15
C.....	77	— 004	— 013	8	+ 26	+ 0,28	+ 0,08	9	+ 08
P.....	79	— 040	— 036	1	— 05	+ 0,22	+ 0,04	1	+ 04
G.....	81	— 004	— 026	7	+ 16	+ 9,95	+ 0,24	8	+ 24
E.....	85	— 054	— 054	10	— 09	+ 9,92	+ 9,92	10	— 07
T.....	93	— 068	— 068	6	— 18	+ 0,08	+ 0,08	5	+ 11
O.....	98	— 005	— 055	4	— 01	— 0,15	+ 9,61	5	— 35
	1874	—1^m.2^s,037		±0,006		+8'.50",01		±0,07	
		—0,071		±0,036		—0,21		±0,42	
Wolf 158.									
C.....	81	— 035	— 020	8	"	— 7,84	— 8,02	9	"
O.....	98	992	— 042	4	"	— 6,41	— 6,95	5	"
	1887	—0.56,03				—14.47,6			
Wolf 161.									
J.....	73	— 351	— 317	9	— 024	— 0,08	— 0,08	5	+ 12
W.....	74	— 022	— 268	6	+ 26	— 0,49	— 0,49	9	— 31
C.....	77	— 337	— 298	8	— 01	— 0,08	— 0,25	9	— 12
G.....	81	— 236	— 258	7	— 43	— 9,93	— 9,64	8	+ 43
E.....	85	— 319	— 319	10	— 14	— 9,99	— 9,99	10	+ 02
T.....	93	— 340	— 340	6	— 26	— 9,59	— 9,59	5	+ 29
O.....	98	— 256	— 306	4	— 13	— 9,67	— 0,21	5	— 41
	1882	—0.53,302				—29.0.06			
		—0,104				—1,61			
Wolf 168.									
W.....	74	— 157	— 321	6	"	— 9,76	— 9,76	9	"
C.....	81	— 383	— 363	8	"	— 1,22	— 1,38	9	"
O.....	98	— 237	— 287	4	"	— 9,34	— 9,88	5	"
	1882	—0.50,33 :				—19.10,4 :			
An. 11.									
K.....	40	— 506	— 506	10	— 021	— 4,37	— 4,37	10	— 07
J.....	73	— 630	— 596	9	— 19	— 4,10	— 4,10	7	+ 12
W.....	74	— 556	— 612	6	— 34	— 4,20	— 4,20	9	— 02
C.....	77	— 618	— 618	8	— 37	— 3,93	— 4,09	9	— 13
G.....	81	— 567	— 589	7	— 05	— 4,60	— 4,43	8	— 23
E.....	85	— 575	— 575	10	— 13	— 4,18	— 4,18	10	— 02

Cat.	t.	Δα 1873.	Δα ad.	p.	O.−C.	Δδ 1873.	Δδ ad.	p.	O.−C.
T.....	93	− 562ˢ	− 562ˢ	6	+ 33ˢ	− 3″,73	− 3″,73	5	+ 45″
O.....	98	− 518	− 568	4	+ 32	− 4,10	− 4,64	5	− 48
	1875		−0ᵐ.49ˢ,579		±0,010		−0′.14″,22		±0,09
			−0,099		±0,058		+0,24		±0,53

An. 12.

Cat.	t.	Δα 1873.	Δα ad.	p.	O.−C.	Δδ 1873.	Δδ ad.	p.	O.−C.
K.....	40	− 762	− 762	10	+ 006	+ 9,42	+ 9,42	10	− 05
R.....	66	− 767	− 796	9	− 13	+ 9,41	+ 9,30	8	− 20
J.....	73	− 824	− 790	9	− 03	+ 9,76	+ 9,76	7	+ 24
W....	74	− 749	− 793	6	− 05	+ 9,63	+ 9,63	9	+ 11
C.....	77	− 766	− 792	8	− 02	+ 9,65	+ 9,55	9	+ 03
P.....	79	− 742	− 762	1	+ 29	+ 0,22	+ 0,04	1	− 52
G.....	81	− 757	− 779	7	+ 13	+ 9,33	+ 9,62	8	− 09
E.....	85	− 800	− 800	10	− 06	+ 9,50	+ 9,50	10	− 03
A.....	90	− 802	− 802	9	− 05	+ 9,41	+ 9,41	9	− 13
T.....	93	− 786	− 786	6	+ 13	+ 9,76	+ 9,76	5	+ 21
O.....	98	− 747	− 797	4	+ 05	+ 9,82	+ 9,28	5	− 27
	1876		−0.30,789		±0,003		+24.49,52		±0,05
			−0,057		±0,018		+0,15		±0,29

Wolf 188.

Cat.	t.	Δα 1873.	Δα ad.	p.	O.−C.	Δδ 1873.	Δδ ad.	p.	O.−C.
J.....	73	− 558	− 524	9	+ 016	+ 8,98	+ 8,98	7	− 10
W....	74	− 379	− 537	6	+ 01	+ 9,14	+ 9,14	9	+ 06
G.....	81	− 521	− 543	7	− 09	+ 8,84	+ 9,13	8	+ 06
E.....	85	− 551	− 551	10	− 19	+ 9,03	+ 9,03	10	− 03
O.....	98	− 447	− 497	4	+ 27	+ 9,58	+ 9,04	5	− 01
	1881		−0.27,534				+42.49,07		
			+0,056				−0,14		

An. 13.

Cat.	t.	Δα 1873.	Δα ad.	p.	O.−C.	Δδ 1873.	Δδ ad.	p.	O.−C.
K.....	40	− 448	− 448	10	− 002	− 8,93	− 8,93	10	+ 09
R....	66	− 433	− 425	9	+ 34	− 9,23	− 9,32	8	+ 11
J.....	73	− 521	− 487	9	+ 25	− 9,47	− 9,47	7	− 21
W....	74	− 413	− 490	6	− 27	− 9,26	− 9,26	9	+ 01
C.....	77	− 467	− 460	8	+ 05	− 9,26	− 9,34	9	− 05
P.....	79	− 378	− 436	1	+ 29	− 8,77	− 8,95	1	+ 35
G.....	81	− 454	− 476	7	− 09	− 9,76	− 9,47	8	− 15
E.....	85	− 471	− 471	10	− 02	− 9,08	− 9,08	10	+ 27
T.....	93	− 455	− 455	6	+ 18	− 8,47	[− 8,47]	5	″
O....	98	− 427	− 477	4	+ 02	− 8,88	− 9,42	5	+ 02
	1874		−0.21,463		±0,006		−6.39.27		±0,06
			−0,051		±0,040		0,72		±0,36

Cat	t.	Δα 1873.	Δα ad.	p.	O.-C.	Δδ 1873.	Δδ ad.	p.	O.-C
				Wolf 196.					
J.....	73	−498	−464	9	+005	+5,07	+5,07	7	+11
W....	74	−424	−474	6	−05	+4,57	+4,57	9	−37
C.....	82	−477	−488	8	−16	+5,25	+5,19	9	+47
E.....	85	−461	−461	10	+12	+4,54	+4,54	10	−10
T.....	93	−461	−461	6	+15	+4,54	+4,54	5	+12
O....	98	−445	−495	4	−18	+4,54	+4,00	5	−29
	1883	−0.19,472				+10.14,70			
		−0.035				−2.69			
				An. 14.					
K.....	40	−805	−805	10	−005	−2,21	−2,21	10	+01
J.....	73	−901	−867	9	−06	−0,84	−0,84	7	−14
W....	74	−632	−792	6	+71	−0,66	−0,66	9	−00
C.....	77	−926	−906	8	−41	−1,43	−[1,49]	9	″
G.....	81	−854	−876	7	−00	−0,44	−0,15	8	+14
E.....	85	−900	−900	10	−16	−0,06	−0,06	10	+9
T.....	93	−863	−863	6	+35	−0,11	−0,11	5	−33
O....	98	−889	−839	4	−31	−9,03	−9,57	5	−02
	1875	−0.17,865		±0,013		−19.30,61		±0,06	
		−0,185		±0,074		−4,60		±0,32	
				An. 15.					
K.....	40	−502	−502	10	−006	+1,11	+1,11	10	−17
R....	66	−511	−513	9	+10	+1,58	+1,53	8	+08
J.....	73	−578	−544	9	−14	+1,74	+1,74	7	+25
W....	74	−429	−477	6	−54	+1,77	+1,77	9	+27
C.....	77	−556	−557	8	−23	+1,70	+1,66	9	+14
P.....	79	−360	−[376]	1	″	−2,23	−2,05	1	+53
G.....	81	−551	−573	7	−35	+0,97	+1,26	8	−29
E.....	85	−542	−542	10	−00	−1,46	+1,46	10	−11
T.....	93	−526	−526	6	+24	+1,41	+1,41	5	−22
O....	98	−527	−577	4	−21	+2,15	+1,61	5	−05
	1874	−0.12,531		±0,009		+1.21,50		±0,07	
		−0.104		±0,053		+0.66		±0,44	
				An. 16.					
K.....	40	−433	−433	10	+003	−8,46	−8,46	10	+06
W....	74	−377	−526	6	−24	−8,40	−8,40	9	−34
G.....	81	−476	−498	7	−17	−7,93	−7,64	8	+32
	1862	+0.11,477				−17.18,20			
		−0,194				+1.35			

Cat.	t.	Δα 1873.	Δα ad.	p.	O.−C.	Δδ 1873.	Δδ ad.	p.	O.−C.
					Wolf 207.				
W....	74	− 021	− 133	6	»	− 5,11	− 5,11	9	»
	1874	−0.11,13				−11.35,1			
					Ax. 17.				
K.....	40	− 163	− 163	10	+ 005	− 7,11	− 7,11	10	− 13
R	66	− 268	− 241	9	+ 18	5,95	− 5,99	8	− 31
J	73	− 339	− 305	9	− 22	6,20	− 6,20	7	08
W....	74	− 119	− 297	6	− 10	− 6,07	− 6,07	9	− 02
C.....	77	− 337	− 314	8	− 17	− 5,87	− 5,91	9	− 11
P.....	79	− 127	− 336	1	− 31	− 6,17	− 6,35	1	− 39
G.....	81	− 292	− 314	7	− 02	− 6,22	− 5,93	8	− 02
E.....	85	− 341	− 341	10	− 16	5,83	− 5,83	10	− 03
T.....	93	− 294	294	6	+ 59	5,43	− 5,43	5	+ 16
O	98	− 334	− 384	4	− 13	5,12	− 5,76	5	33
	1874	−0.10,287		±0,008		−22.46,09		±0,05	
			−0.350	±0,048		+2,62		±0,34	
					Ax. 18.				
K.....	40	− 763	− 763	10	+ 017	− 0,51	− 0,51	10	− 10
R	66	− 781	− 783	9	− 01	− 0,66	+ 0,62	8	04
J.....	73	− 831	− 797	9	− 11	− 1,02	− 1,02	7	+ 34
W....	74	− 808	− 850	6	− 64	0,74	− 0,74	9	− 06
C.....	77	− 783	− 785	8	+ 02	0,89	− 0,86	9	− 17
P.....	79	− 784	− 797	1	10	− 1,14	− 0,96	1	− 27
G.....	81	− 771	− 793	7	06	0,18	0,47	8	− 22
E.....	85	− 789	− 789	10	− 01	− 0,65	− 0,65	10	− 05
T.....	93	− 723	723	6	+ 67	+ 0,86	0,86	5	− 14
O	98	− 757	807	4	− 16	− 1,03	− 0,49	5	24
	1874	−0.9,786		±0,010		−2.0,68		±0,06	
			−0,019	±0,063		−0,21		±0,38	
					24 p.				
K.....	40	− 031	− 031	10	+ 009	8,55	+ 8,55	10	49
R	66	− 042	− 043	9	02	8,93	− 8,90	8	22
J.....	73	− 081	− 047	9	− 01	− 8,98	− 8,98	7	43
W....	74	− 073	− 103	6	− 57	+ 8,93	8,93	9	− 52
C.....	77	− 045	− 046	8	− 01	− 8,87	− 8,85	9	72
P.....	79	− 019	− 037	1	+ 09	9,25	+ 9,07	1	− 59
G.....	81	− 010	− 032	7	− 15	− 7,98	− [8,27]	8	»
E.....	85	− 043	− 043	10	− 05	0,68	0,68	10	78
T.....	93	− 029	029	6	+ 20	0,58	0,58	5	35
O	98	− 004	− 054	4	− 04	1,41	− 0,87	5	+ 34
	1874	−0.8,046		±0,066		−0.39,45		±0,20	
			−0,017	±0,041		1,10		1,22	

Cat.	t.	Δα 1873.	Δα ad.	p.	O.−C.	Δδ 1873.	Δδ ad.	p.	O.−C.
				AN. 19.					
		s	s		s	″	″		″
K.....	40	221	221	10	010	7,06	— 7,06	10	— 08
R....	66	— 198	177	9	— 22	7,12	7,15	8	— 17
J.....	73	232	198	9	— 03	— 7,73	— 7,73	7	— 36
W....	74	055	195	6	00	7,51	— 7,51	9	— 13
C.....	77	211	192	8	— 02	7,37	— 7,39	9	— 01
P.....	79	057	— 214	1	21	— 7,60	7,78	1	— 36
G.....	81	— 156	— 178	7	+ 14	— 7,72	— 7,43	8	00
E.....	85	— 197	— 197	10	— 07	— 7,50	— 7,50	10	— 04
T.....	93	— 197	— 197	6	— 11	— 7,25	— 7,25	5	— 27
O....	98	— 139	— 189	4	— 05	— 6,89	— 7,45	5	+ 12
	1874	m s 0.7,195		±0,004		−18.7,38		±0,06	
		0,046		±0,023		−0,72		±0,36	
				AN. 20.					
K.....	40	394	— 394	10	008	— 9,07	9,07	10	08
R.....	66	— 379	413	9	03	+ 8,91	+ 8,89	8	18
J.....	73	— 442	408	9	— 16	+ 9,11	+ 9,11	7	+ 01
W....	74	370	— 436	6	— 11	— 9,14	— 9,14	9	— 04
C.....	77	387	417	8	11	9,08	— 9,06	9	— 05
P.....	79	— 332	372	1	+ 55	+ 9,58	— 9,40	1	26
G.....	81	422	444	7	11	— 8,69	— 8,98	8	14
E.....	85	439	439	10	01	+ 9,16	+ 9,16	10	+ 02
T.....	93	457	457	6	10	— 9,45	— 9,45	5	— 29
O.....	98	415	— 465	4	12	9,66	— 9,12	5	— 06
	1874	0. 6,425		±0,004		+ 28.59,10		±0,04	
		0,116		±0,026		— 0,32		±0,26	
				AN. 22.					
K.....	40	— 087	087	10	009	6,98	— 6,98	10	05
R.....	66	083	070	9	15	6,02	6,03	8	+ 31
J.....	73	127	093	9	06	6,72	6,72	7	35
W....	74	972	069	6	— 18	6,59	6,59	9	— 22
C.....	77	112	100	8	— 12	6,32	6,33	9	+ 05
P.....	79	964	— 058	1	— 31	— 5,85	— 6,03	1	— 36
G.....	81	061	— 083	7	+ 06	6,41	6,12	8	+ 28
E.....	85	— 089	089	10	01	6,40	— 6,40	10	— 01
T.....	93	096	— 096	6	04	6,46	— 6,46	5	01
O.....	98	063	113	4	— 20	— 6,10	— 6,64	5	17
	1874	0. 4,087		0,004		— 11.26,37		0,07	
		0,027		0,026		0,42		0,45	

Cat.	t.	Δα 1873.	Δα ad.	p.	O.—C.	Δδ 1873.	Δδ ad.	p.	O—C.
				An. 21.					
		s	s		s	"	"		"
K.....	40	— 911	— 911	10	— 002	— 5,90	+ 5,90	10	— 08
R.....	66	— 930	— 969	9	— 16	+ 6,72	+ 6,71	8	— 02
J.....	73	991	— 957	9	+ 08	+ 7,02	+ 7,02	7	+ 09
W....	74	— 873	— 966	6	— 01	+ 6,83	+ 6,83	9	— 13
C.....	77	— 961	— 995	8	— 23	+ 7,33	+ 7,32	9	+ 27
P.....	79	— 793	— [859]	1	"	+ 6,19	— [6,01]	1	"
G.....	81	— 895	917	7	+ 62	— 7,09	+ 7,38	8	+ 22
E.....	85	— 999	— 999	10	— 14	+ 7,22	+ 7,22	10	— 06
T.....	93	— 975	— 975	6	+ 24	+ 6,97	+ 6,97	5	— 54
O.....	98	— 016	— 066	4	— 58	+ 8,30	+ 7,76	5	— 11
	1874		— 0ᵐ. 3ˢ.967	± 0,010			— 33'. 6".96	± 0,08	
			— 0.170	± 0,064			+ 2,89	± 0,47	
				An. 23.					
K.....	40	— 007	— 007	10	— 002	— 6,88	— 6,88	10	— 09
R.....	66	— 027	— 997	9	— 07	— 6,63	— 6,63	8	+ 12
J.....	73	— 058	— 024	9	— 21	6,59	— 6,59	7	+ 14
W....	74	— 782	— 990	6	— 13	— 6,86	— 6,86	9	13
C.....	77	— 031	— 005	8	— 02	— 6,62	— 6,62	9	+ 10
P.....	79	— 728	— 974	1	+ 31	— 6,54	— 6,72	1	+ 01
G.....	81	— 951	— 973	7	+ 30	7,00	— 6,71	8	+ 01
E.....	85	— 012	012	10	10	— 6,69	— 6,69	10	+ 02
T.....	93	013	— 013	6	11	6,67	— 6,67	5	+ 02
O.....	98	945	— 995	4	+ 06	6,37	— 6,91	5	— 23
	1874		— 0. 1,003	± 0,005			25.36,73	± 0,04	
			+ 0,007	± 0,032			+ 0.19	± 0,24	
				An. 24.					
K.....	40	— 143	— 143	10	007	+ 9,79	9,79	10	+ 01
R.....	66	136	— 149	9	— 08	+ 9,39	9,39	8	— 39
J.....	73	172	— 136	9	— 06	— 0,96	— 0,96	7	+ 48
W....	74	102	— 123	6	+ 19	+ 9,76	— 9,76	9	02
C.....	77	124	— 135	8	+ 08	9,78	+ 9,78	9	00
P.....	79	174	— 168	1	26	— 9,23	+ 9,05	1	73
G.....	81	098	120	7	+ 23	+ 9,70	+ 9,99	8	+ 21
E.....	85	155	155	10	— 11	+ 9,72	9,72	10	06
T.....	93	— 156	— 156	6	— 11	+ 9,92	9,92	5	+ 14
O.....	98	— 115	— 165	4	— 19	— 0,96	— 9,52	5	26
	1874		— 0. 0,142	± 0,005			+ 10.59,78	± 0,08	
			0,018	0,029			0,01	0,52	

Cat.	t.	Δα 1873.	Δα ad.	p.	O.—C.	Δδ 1873.	Δδ ad.	p.	O.—C.
				An. 25.					
K.....	40	s 879	s — 879	10	s 012	— 2″,07	2,07	10	— 05
J.....	73	— 934	— 968	9	— 03	— 2,49	— 2,49	7	07
W....	74	198	950	6	18	— 2,85	2,85	9	— 17
C.....	77	992	— 023	8	48	— 2,85	— 2,82	9	20
G.....	81	— 042	— 020	7	36	2,48	— 2,19	8	48
E.....	85	— 987	987	10	— 06	2,85	2,85	10	12
T.....	93	— 949	— 949	6	62	— 2,64	— 2,64	5	— 19
O.....	98	— 076	026	4	+ 04	— 2,44	2,98	5	— 08
	1875	0m. 8s,970		± 0,012		— 29′.42″,59		± 0,09	
		— 0,225		± 0,072		— 1,35		± 0,55	
				Wolf 240.					
W....	74	+ 317	+ 233	6	″	— 0,40	— 0,40	9	″
	1874	0.11,23				6.10.4			
				An. 26.					
K.....	40	— 933	933	10	+ 009	— 2,05	2,05	10	+ 07
J.....	73	— 788	— 822	9	31	1,13	1,13	7	— 20
W....	74	— 037	— [740]	6	″	— 1,40	— 1,40	9	— 09
C.....	77	+ 828	— 863	8	— 19	— 1,69	— 1,64	9	41
G.....	81	865	— 843	7	— 08	— 1,46	— 1,17	8	— 13
E.....	85	— 813	+ 813	10	— 13	0,89	— 0,89	10	+ 15
T.....	93	— 833	+ 833	6	— 24	— 0,68	0,68	5	— 17
	1873	0.14.853		± 0,009		33.41.33		± 0,09	
		— 0,221		± 0,054		2.39		± 0,57	
				Wolf 249.					
J.....	73	— 855	+ 889	9	— 003	— 5,79	— 5,79	7	29
W....	74	+ 970	— 868	6	— 16	— 5,99	5,99	9	— 11
C.....	82	— 871	+ 881	8	— 05	— 6,94	— 6,86	9	— 58
O.....	98	— 902	+ 852	4	— 07	— 5,78	6,32	5	— 32
	1881	— 0.23.877				9.46,26			
		0.11				— 2.3			
				Wolf 256.					
W....	74	— 067	685	6	″	— 6,03	— 6,03	9	″
	1874	— 0.27.68				40. 6.0			
				Wolf 264.					
W....	74	+ 469	407	6	— 016	0,00	— 0,00	9	— 22
C.....	81	— 359	— 359	8	15	0,43	0,33	9	— 30
O....	98	— 392	— 342	4	08	— 8,88	— 9,42	5	— 15
	1882	0.30.371				0.20.00			
		0.24				2.7			

Wolf 265.

Cat.	t.	Δα 1873.	Δα ad.	p.	O.−C.	Δδ 1873.	Δδ ad.	p.	O−C.
W....	74	− 4,78	3,52	6	"	4,54	4,54	9	"
	74	− 0.32,35				13.34,5			

Jacoby 50.

Cat.	t.	Δα 1873.	Δα ad.	p.	O.−C.	Δδ 1873.	Δδ ad.	p.	O−C.
J.....	73	+ 162	+ 196	9	+ 003	+ 3,16	+ 3,16	7	− 02
G.....	81	+ 188	+ 166	7	00	− 2,99	− 3,28	8	00
E.....	85	+ 138	+ 138	10	14	+ 3,37	− 3,37	10	− 03
O.....	98	+ 166	+ 116	4	− 08	− 4,02	− 3,48	5	− 01
	1883	+0.35,159				−53.3,32			
		−0,34				−1,3			

Wolf 275.

Cat.	t.	Δα 1873.	Δα ad.	p.	O.−C.	Δδ 1873.	Δδ ad.	p.	O−C.
J.....	73	+ 864	+ 898	9	004	− 8,72	+ 8,72	7	26
W....	74	− 938	+ 884	6	− 16	− 8,48	+ 8,48	9	+ 02
C.....	82	+ 891	− 889	8	− 04	+ 8,24	− 8,35	9	− 11
G.....	81	+ 956	− 934	7	+ 47	+ 7,89	− 8,18	8	− 31
E.....	85	− 860	+ 860	10	19	+ 8,61	− 8,61	10	− 10
T.....	93	+ 841	+ 841	6	23	− 8,55	+ 8,55	5	00
O.....	98	− 925	+ 875	4	+ 22	+ 9,27	− 8,73	5	+ 16
	1882	+0.37,884		±0,010		+2.18,50		±0,08	
		0,187		±0,134		+0,47		±1,00	

An. 27.

Cat.	t.	Δα 1873.	Δα ad.	p.	O.−C.	Δδ 1873.	Δδ ad.	p.	O−C.
K....	40	+ 707	+ 707	10	11	− 4,30	4,30	10	20
R.....	66	− 718	− 703	9	19	− 4,71	− 4,87	8	23
J.....	73	− 708	− 742	9	− 18	− 5,04	− 5,04	7	+ 36
W....	74	+ 779	− 743	6	+ 19	− 4,75	− 4,75	9	− 06
C.....	77	− 759	− 746	8	− 21	4,48	− 4,62	9	09
P.....	79	− 710	− 716	1	08	− 4,55	− 4,37	1	− 35
G.....	81	− 788	+ 766	7	+ 41	− 4,61	− 4,90	8	+ 07
E.....	85	− 711	+ 711	10	15	− 4,57	− 4,57	10	18
T.....	93	+ 710	− 710	6	18	4,65	4,65	5	15
O.....	98	+ 740	− 690	4	− 31	5,20	4,66	5	17
	1874	−0.43,724		±0,007		+12.54,69		±0,07	
		−0.019		±0,046		−0.57		±0,42	

Wolf 286.

Cat.	t.	Δα 1873.	Δα ad.	p.	O.−C.	Δδ 1873.	Δδ ad.	p.	O−C.
W....	74	− 674	− 554	6	"	5,78	5,78	9	"
C.....	81	+ 577	+ 590	8	"	7,38	7,22	9	"
O....	98	534	− 484	4	"	− 5,07	5,61	5	"
	1882	0.48,55 :				12.46,3 :			

Cat.	t	Δα 1873.	Δα ad.	p.	O.−C.	Δδ 1873.	Δδ ad.	p.	O.−C.
					An. 28.				
		s	s		s	″	″		″
K....	40	− 577	+ 577	10	− 009	− 3,71	− 3,71	10	+ 03
J.....	73	+ 531	+ 565	9	− 21	− 3,60	− 3,60	7	− 08
W....	74	+ 778	− [412]	6	″	− 4,49	− [4,49]	9	″
C.....	77	− 554	+ 596	8	+ 08	− 3,92	− 3,75	9	− 07
G....	81	− 608	+ 586	7	04	− 4,27	− 3,98	8	31
E.....	85	− 577	+ 577	10	− 15	− 3,57	− 3,57	10	+ 09
A.....	90	+ 585	+ 585	9	− 10	− 3,49	− 3,49	9	+ 16
T.....	93	+ 648	+ 648	6	+ 52	− 3,68	− 3,68	5	− 03
	1875		−0.53,587 (m s)		±0,009		−40′.53″,68		±0,06
			+0,053		±0,053		−0,18		±0,37
					Wolf 296.				
W....	74	− 139	+ 067	6	− 008	− 5,61	− 5,61	9	+ 19
C.....	81	− 080	+ 083	8	+ 8	− 6,16	5,98	9	28
O.....	98	− 120	− 070	4	− 5	− 4,74	− 5,28	5	− 15
	1882		−0.57,075				−3.15,68		
			0,00				−1,6		
					An. 29.				
K.....	40	− 138	− 138	10	+ 004	+ 4,39	+ 4,39	10	− 15
R.....	66	+ 127	+ 110	9	22	4,39	4,61	8	04
J.....	73	− 112	+ 146	9	+ 15	4,78	4,78	7	+ 20
W....	74	− 156	− 133	6	+ 02	− 4,62	4,62	9	− 04
C.....	77	− 137	− 122	8	− 09	+ 4,47	4,67	9	− 09
P.....	79	− 065	+ 071	1	− 61	+ 5,02	4,84	1	+ 25
G.....	81	− 166	− 144	7	+ 14	− 4,74	+ 5,03	8	44
E	85	+ 132	− 132	10	+ 02	− 4,32	− 4,32	10	27
T.....	93	− 145	− 145	6	− 16	− 4,28	− 4,28	5	− 32
O	98	+ 155	− 105	4	− 24	+ 5,03	− 4,49	5	12
	1874		−1.0,131		±0,005		−14.34,58		±0,08
			− 0,009		±0,034		− 0,12		±0,49
					Wolf 307.				
J.....	73	+ 296	+ 330	9	− 003	+ 4,04	− 4,04	7	− 14
C.....	81	− 338	− 333	8	− 22	− 3,41	3,62	9	− 20
G.....	81	− 323	+ 301	7	13	+ 3,66	+ 3,95	8	+ 12
E.....	85	− 293	− 293	10	11	+ 3,66	− 3,66	10	13
T.....	93	− 294	− 294	6	− 09	− 3,80	3,80	5	− 08
O.....	98	− 313	− 263	4	10	4,33	− 3,79	5	− 11
	1884		1.5,307		±0,007		4.43,80		±0,07
			−0,239		±0,085		−0,89		±0,96

Cat.	t.	Δα 1873.	Δα ad.	p.	O.−C.	Δδ 1873.	Δδ ad.	p.	O.−C.
					JACOBY 56.				
J.....	73	+ 0,993 s	+ 0,027 s	9	s ″	− 1,21 ″	− 1,21 ″	7	″ ″
G.....	81	− 105	+ 083	7	″	− 1,41	− 1,12	8	″
	1877	−1.17,05 m s				50.31,2 ′ ″			
					WOLF 327.				
W....	74	+ 646	+ 332	6	″	− 9,81	− 9,81	9	″
	1874	+ 1.18,33				−34.39,8			
					WOLF 326.				
O.....	98	+ 785	+ 735	4	″	− 7,16	− 6,62	5	″
	1898	+1.18,74				−31.56,6			
					26 s.				
K....	40	− 005	− 005	10	− 001	− 6,96	− 6,96	10	+ 19
R....	66	+ 026	+ 043	9	− 03	− 7,85	− 7,53	8	− 09
J.....	73	+ 025	+ 059	9	03	− 7,75	− 7,75	7	− 23
W....	74	− 169	− 061	6	+ 03	− 7,73	− 7,73	9	− 20
C.....	77	+ 043	+ 058	8	− 05	− 7,88	− 7,59	9	− 03
P.....	79	+ 142	+ 020	1	− 45	− 6,45	−[6,63]	1	″
G....	81	− 107	+ 085	7	+ 16	− 7,79	− 7,50	8	+ 11
E....	85	+ 075	+ 075	10	00	− 7,79	− 7,79	10	− 14
A....	90	− 092	− 092	9	− 10	− 7,72	− 7,72	9	− 01
T.....	93	+ 068	+ 068	6	19	− 7,39	− 7,39	5	+ 35
O....	98	− 144	− 094	4	− 01	− 6,97	− 7,51	5	+ 29
	1876	−1.28,061		±0,003		−14.37,55		±0,06	
		+ 0.153		±0,020		−1,12		±0,39	
					22.567 BD.				
G.....	81	− 073	+ 051	7	″	− 5,85	− 5,56	8	″
	1881	−1.34,05				−50.5,6			
					27 *f* ATLAS.				
K....	40	+ 517	+ 517	10	+ 001	− 0,46	− 0,46	10	+ 10
R....	66	+ 503	506	9	− 07	− 1,16	− 0,79	8	− 18
J.....	73	+ 513	+ 547	9	35	0,85	− 0,85	7	− 23
W....	74	+ 531	+ 512	6	00	− 0,61	− 0,61	9	+ 01
C.....	77	− 469	+ 472	8	− 40	− 0,87	− 0,54	9	+ 09
P....	79	489	+ 454	1	− 58	− 0,56	− 0,74	1	− 11
G....	81	537	+ 515	7	+ 03	0,96	− 0,67	8	03
E....	85	511	+ 511	10	00	− 0,69	− 0,69	10	− 04
B.....	87	+ 513	+ 513	10	02	− 0,62	0,62	10	+ 03

Cat.	t.	Δα 1873.	Δα ad.	p.	O.—C.	Δδ 1873.	Δδ ad.	p.	O.—C.
A.....	90	+ 515 s	+ 518 s	9	+ 05 s	— 0,62 "	— 0,62 "	9	+ 03 "
T.....	93	— 529	+ 529	6	— 19	— 0,77	— 0,77	5	— 11
O.....	98	+ 527	+ 487	4	— 22	— 9,84	— 0,38	5	+ 29
	1877	—1.40,512 (m s)		±0,006		—2.50,63		±0,04	
		—0,012		±0,038		—0,19		±0,24	

28 h. Pléione.

Cat.	t.	Δα 1873.	Δα ad.	p.	O.—C.	Δδ 1873.	Δδ ad.	p.	O.—C.
K....	40	+ 727	+ 727	10	— 003	+ 9,71	+ 9,71	10	+ 16
R....	66	+ 730	+ 727	9	00	+ 9,09	+ 9,46	8	— 21
J.....	73	+ 710	+ 744	9	+ 18	+ 9,57	+ 9,57	7	— 13
W....	74	+ 740	+ 727	6	+ 01	+ 9,69	+ 9,69	9	+ 01
C.....	77	+ 709	+ 707	8	— 19	+ 9,17	+ 9,50	9	— 21
P.....	79	+ 679	+ 667	1	— 60	+ 0,39	+ 0,21	1	+ 49
G.....	81	+ 773	+ 751	7	— 26	+ 9,54	+ 9,83	8	+ 10
E.....	85	+ 719	+ 719	10	— 06	+ 9,74	+ 9,74	10	— 01
A....	90	+ 730	+ 730	9	+ 06	+ 9,74	+ 9,74	9	— 03
T.....	93	+ 707	+ 707	6	— 17	+ 0,20	+ 0,20	5	+ 42
O....	98	+ 778	+ 728	4	+ 04	+ 0,39	+ 9,85	5	+ 04
	1876	+ 1.41,726		±0,005		+ 2.9,71		±0,06	
		—0,011		±0,030		+ 0,44		±0,36	

Ax. 30.

Cat.	t.	Δα 1873.	Δα ad.	p.	O.—C.	Δδ 1873.	Δδ ad.	p.	O.—C.
K....	40	+ 450	+ 450	10	— 004	— 9,64	— 9,64	10	+ 13
R....	66	+ 426	+ 441	9	— 02	— 0,28	— 9,90	8	— 02
J.....	73	+ 399	+ 433	9	— 07	— 0,09	— 0,09	7	— 17
W....	74	+ 579	+ 471	6	+ 31	— 0,14	— 0,14	9	— 22
C.....	77	+ 425	+ 438	8	— 01	— 0,35	— 0,01	9	— 08
P.....	79	+ 608	+ 502	1	+ 65	— 0,79	— [0,97]	1	"
G.....	81	+ 455	+ 433	7	— 004	— 0,05	— 9,76	8	+ 19
E.....	85	+ 433	+ 433	10	— 02	— 0,07	— 0,07	10	— 10
T.....	93	+ 445	+ 445	6	+ 13	— 9,73	— 9,73	5	+ 28
O.....	98	+ 450	+ 400	4	— 30	— 9,35	— 9,89	5	+ 14
	1874	—1.43.440		±0,005		—12.49,92		±0,06	
		—0.041		±0,033		—0,45		±0,37	

Wolf 362.

Cat.	t.	Δα 1873.	Δα ad.	p.	O.—C.	Δδ 1873.	Δδ ad.	p.	O.—C.
J.....	73	+ 197	+ 231	9	"	— 0,73	— 0,73	7	"
G....	81	+ 226	+ 204	7	"	— 1,15	— 0,46	8	"
	1877	+ 1.45,22				—41.40,6			

An. 31.

Cat.	t.	Δα 1873.	Δα ad.	p	O.−C.	Δδ 1873.	Δδ ad.	p.	O.−C.
K	40	− 5ˢ55	− 5ˢ55	10	− 0ˢ002	− 3″,68	+ 3″,68	10	− 0″5
R	66	562	541	9	00	− 3,39	− 3,78	8	− 15
J.....	73	511	− 545	9	− 08	− 3,97	− 3,97	7	− 04
W....	74	− 570	+ 532	6	— 05	+ 2,83	− [2,83]	9	//
C.....	77	541	− 523	8	— 13	− 3,72	− 4,07	9	+ 02
P	79	+ 575	— 577	1	+ 41	+ 3,63	+ 3,45	1	— 62
G	81	571	− 549	7	− 15	− 3,96	− 4,25	8	− 15
E . ..	85	+ 517	− 517	10	— 15	+ 4,06	− 4,06	10	— 08
A	90	525	− 525	9	— 04	− 4,34	− 4,34	9	+ 14
T	93	+ 507	+ 507	6	− 21	+ 4,27	− 4,27	5	− 04
O	98	− 626	− 576	4	+ 50	+ 4,72	+ 4,18	5	— 11
	1876	+ 1ᵐ.46ˢ,536			±0,005	+ 17′.44″,04			±0,05
		—0,047			±0,033		−1,14		±0,27

An. 32.

Cat.	t.	Δα 1873.	Δα ad.	p	O.−C.	Δδ 1873.	Δδ ad.	p.	O.−C.
K	40	− 529	+ 529	10	+ 010	+ 0,26	+ 0,26	10	− 11
R	66	− 528	508	9	— 07	9,72	+ 0,13	8	— 10
J.....	73	+ 506	− 540	9	26	0,17	− 0,17	7	— 08
W....	74	− 512	486	6	— 28	+ 0,30	− 0,30	9	+ 05
C.....	77	− 524	− 507	8	— 07	9,72	0,08	9	— 18
P	79	481	484	1	— 29	0,12	9,94	1	— 32
G	81	− 512	490	7	— 23	0,07	0,36	8	09
E	85	507	507	10	— 05	+ 0,19	0,19	10	— 09
T.....	93	− 508	508	6	— 03	0,36	+ 0,36	5	05
O	98	+ 616	− 566	4	56	+ 1,16	+ 0,62	5	30
	1874	− 1.51,514			±0,007	− 16.50,25			±0,05
		—0.016			±0,045		±0,29		±0,29

An. 33.

Cat.	t.	Δα 1873.	Δα ad.	p	O.−C.	Δδ 1873.	Δδ ad.	p.	O.−C.
K	40	− 135	135	10	+ 003	− 0,95	0,95	10	— 01
R	66	− 120	− 110	9	— 08	+ 0,68	− 1,11	8	01
J.... .	73	+ 089	− 123	9	− 08	+ 1,15	+ 1,15	7	+ 02
W	74	+ 144	+ 110	6	− 04	1,13	+ 1,13	9	— 01
C.....	77	− 107	− 098	8	14	− 0,79	− 1,17	9	01
P.....	79	− 149	− 153	1	− 41	0,87	− 0,69	1	— 48
G.....	81	− 147	− 125	7	− 15	− 0,98	− 1,27	8	− 09
E	85	− 107	− 107	10	— 01	− 1,16	− 1,16	10	— 04
T.....	93	076	− 076	6	— 28	− 1,43	− 1,43	5	19
O	98	+ 187	137	4	− 35	1,65	− 1,11	5	− 16
	1874	1.56,114			0,005	8.51,14			±0,03
		—0,52			±0,033		0,53		±0,21

Cat.	t.	Δα 1873.	Δα ad.	p.	O.−C.	Δδ 1873.	Δδ ad.	p.	O.−C.
					Elkin 61.				
E.....	85	+ 522	— 522	10	″	— 6,72	— 6,72	10	″
T.....	93	— 555	+ 555	6	″	— 6,39	— 6,39	5	″
	1888		+2.2,53				—28′.16″,6		
					Wolf 388.				
J.....	73	+ 341	+ 375	9	″	— 9,31	— 9,31	7	″
G.....	81	+ 427	+ 427	7	″	— 0,30	— 0,30	8	″
	1877		+2.5,39				—43.9,7		
					Wolf 400.				
W....	74	+ 542	+ 465	6	″	— 8,60	— 8,60	9	″
O.....	98	+ 420	+ 370	4	″	— 7,30	— 7,84	5	″
	1883		+2.11,43				—3.48,3		
					Wolf 403.				
J.....	73	— 621	+ 655	9	″	— 8,21	— 8,21	7	″
G.....	81	+ 768	+ 746	7	″	— 9,18	— 8,89	8	″
	1877		+2.13,70				—45.28,6		
					An. 34.				
K.....	40	— 181	+ 181	10	— 008	— 4,84	— 4,84	10	— 11
R.....	66	— 192	+ 219	9	+ 14	— 5,55	— 5,07	8	— 13
J.....	73	+ 167	— 201	9	— 08	— 5,06	— 5,06	7	— 12
W....	74	+ 407	+ 232	6	+ 22	— 4,96	— 4,96	9	— 02
C.....	77	+ 179	— 203	8	— 09	— 5,24	— 4,80	9	— 14
P.....	79	— 328	— [111]	1	″	— 4,77	— 4,95	1	— 01
G.....	81	— 241	— 219	7	— 05	— 5,57	— 5,28	8	— 34
E.....	85	— 213	+ 213	10	— 03	— 4,89	— 4,89	10	— 05
T.....	93	+ 239	+ 239	6	— 18	— 4,71	— 4,71	5	— 22
O.....	98	+ 240	+ 190	4	— 35	— 4,25	— 4,79	5	+ 14
	1874	+2.15,210			±0,005	—23.14,94			±0,06
		—0,061			±0,033	—0,03			±0,36
					An. 35.				
K.....	40	293	+ 293	10	+ 004	— 0,00	— 0,00	10	— 10
W....	74	+ 240	+ 195	6	33	— 1,80	— 1,80	9	— 16
G.....	81	— 247	— 225	7	— 10	— 1,93	— 2,22	8	— 26
E.....	85	205	+ 205	10	— 03	— 2,23	— 2,23	10	— 08
T.....	93	— 234	+ 234	6	40	— 2,00	— 1,00	5	51
O.....	98	— 201	— 151	4	— 34	— 3,17	+ 2,63	5	— 11
	1875	2.16,226			±0,011	+8.41,69			±0,12
		—0,180			±0,056	— 1,55			±0,57

Cat.	t.	$\Delta\alpha$ 1873.	$\Delta\alpha$ ad.	p.	O.—C.	$\Delta\delta$ 1873.	$\Delta\delta$ ad.	p.	O—C.
				An. 36.					
K.....	40	— 060	— 060	10	— 002	— 4,07	+ 4,07	10	— 08
J......	73	+ 955	— 989	9	08	5,48	5,48	7	28
W....	74	+ 017	972	6	23	5,37	5,37	9	13
C.....	77	038	+ 031	8	— 42	5,14	+ 5,61	9	— 28
P.....	79	939	940	1	45	+ 6,11	+ 5,93	1	+ 53
G.....	81	047	025	7	— 44	4,95	5,24	8	— 22
E.....	85	933	+ 933	10	— 40	+ 5,26	+ 5,26	10	— 03
T....	93	— 929	— 929	6	— 29	+ 4,48	— [4,48]	5	″
O.....	98	042	+ 992	4	— 44	6,52	5,98	5	— 02
	1875	2.24,993		−0,012		7.5,27		±0,08	
			0,196	±0,071		3,20		±0,48	
				An. 37.					
K.....	40	372	372	10	+ 014	9,89	9,89	10	+ 01
R.....	66	362	+ 344	9	— 09	+ 9,53	+ 0,07	8	— 13
J.....	73	321	— 355	9	+ 03	— 0,33	— 0,33	7	04
W....	74	371	+ 336	6	— 16	+ 0,28	0,28	9	— 02
C.....	77	341	326	8	25	0,02	+ 0,50	9	+ 16
P.....	79	333	— 338	1	13	— 0,26	— 0,08	1	— 28
G.....	81	371	349	7	— 02	0,15	0,44	8	+ 05
E.....	85	349	+ 349	10	— 01	— 0,39	— 0,39	10	— 05
T.....	93	362	— 362	6	+ 13	0,56	— 0,56	5	— 03
O....	98	— 434	— 384	4	36	+ 1,06	+ 0,52	5	— 08
	1874	2.26.352		±0,005		—15.0.30		±0,03	
			—0,018	±0,033		—1,23		±0,19	
				Wolf 420.					
J.....	73	+ 187	— 221	9	005	7,29	— 7,29	7	+ 72
W....	74	+ 236	+ 140	6	— 73	— 7,85	— 7,85	9	— 12
C.....	81	+ 250	— 259	8	+ 62	— 9,14	8,66	9	— 99
O.....	98	— 165	115	4	— 41	5,82	— 6,36	5	+57
	1880		2.28.199 :				—8.47,71 :		
			—0,24 :				+4,3 :		
				An. 38.					
K.....	40	302	— 302	10	019	0,13	— 0,13	10	— 06
R.....	66	245	263	9	16	— 0,83	0,88	8	— 13
J.....	73	244	— 278	9	00	— 0,26	— 0,26	7	— 12
W....	74	391	— 277	6	— 01	— 0,09	— 0,09	9	— 05
C.....	77	258	— 273	8	— 05	— 0,38	— 9,90	9	— 24
P.....	79	351	— 295	1	— 52	— 0,10	0,28	1	15
G.....	81	214	292	7	15	0,74	— 0,45	8	32

Cat.	t.	Δα 1873.	Δα ad.	p.	O.–C.	Δδ 1873.	Δδ ad.	p.	O.–C.
E.....	85	268	268	10	08	− 0,16	− 0,16	10	− 04
T.....	93	+ 289	289	6	+ 14	− 0,17	− 0,17	5	− 06
O.....	98	+ 279	229	4	46	− 9,31	9,85	5	25
	1874	+2.29.278		±0.066		15.0.14		±0.06	
		0.014		±0.038		−0.16		±0.37	

WOLF 436.

Cat.	t.	Δα 1873.	Δα ad.	p.	O.–C.	Δδ 1873.	Δδ ad.	p.	O.–C.
J.....	73	563	− 597	9	− 006	2,69	2,69	7	− 28
G.....	81	636	+ 614	7	21	3,30	3,59	8	+ 29
E.....	85	575	575	10	12	+ 3,41	+ 3,41	10	− 05
O.....	98	619	569	4	− 01	4,35	3,81	5	17
	1883		2.44.590				34.3.36		
			0.133				4.09		

AN. 39.

Cat.	t.	Δα 1873.	Δα ad.	p.	O.–C.	Δδ 1873.	Δδ ad.	p.	O.–C.
K.....	40	293	293	10	003	0,00	0,00	10	− 11
J.....	73	+ 247	261	9	06	9,49	− 9,49	7	− 54
W.....	74	318	266	6	10	0,09	0,09	9	+ 06
C.....	77	270	245	8	− 14	− 9,64	0,22	9	+ 17
G.....	81	303	+ 281	7	19	9,73	0,02	8	− 04
E.....	85	− 254	254	10	12	9,94	9,94	10	− 14
O.....	98	+ 305	275	4	− 02	+ 1,08	0,54	5	+ 40
	1873	2.57.255		±0.005		−23.50.03		±0.11	
		0.089		±0.029		−0.43		±0.66	

WOLF 464.

Cat.	t.	Δα 1873.	Δα ad.	p.	O.–C.	Δδ 1873.	Δδ ad.	p.	O.–C.
W.....	74	227	193	6	"	0,12	0,12	9	"
O.....	98	− 901	[851]	4	"	9,41	[9,95]	5	"
	1874		3.11.12				−9.50.1		

AN. 40.

Cat.	t.	Δα 1873.	Δα ad.	p.	O.–C.	Δδ 1873.	Δδ ad.	p.	O.–C.
K.....	40	132	132	10	013	6,08	− 6,08	10	+ 08
J.....	73	103	+ 137	9	− 14	6,05	− 6,05	7	− 21
W.....	74	+ 242	172	6	21	5,70	− 5,70	9	13
C.....	77	175	183	8	31	6,29	− 5,63	9	17
G.....	81	206	184	7	31	− 6,21	5,92	8	− 16
E.....	85	140	140	10	− 14	− 5,83	− 5,83	10	11
B.....	87	153	153	10	− 01	6,06	− 6,06	10	− 36
A.....	90	161	161	9	06	− 5,58	− 5,58	9	09
O.....	98	144	094	4	− 65	− 4,43	− 4,97	5	− 63
	1877	3.23.152		±0.009		8.5.80		±0.09	
		0,020		0.054		0.97		±0.57	

Cat.	t.	$\Delta\alpha$ 1873.	$\Delta\alpha$ ad.	p.	O.—C.	$\Delta\delta$ 1873.	$\Delta\delta$ ad.	p.	O.—C.
				Wolf 483.					
W....	74	+ 893 s	+ 781 s	6	s ″	− 2,08 ″	− 2,08 ″	9	″ ″
	1874		+ 3.32,78 (m s)				− 11′.32″,1		
				Wolf 487.					
G.....	81	+ 270	+ 248	7	″	− 7,88	− 7,59	8	″
	1881		+ 3.35,25				− 40.7,6		
				Wolf 503.					
J.....	73	+ 131	− 165	9	″	− 5,14	+ 5,14	7	″
G.....	81	− 229	− 207	7	″	+ 5,07	− 5,36	8	″
	1877		+ 3.56,183				+ 25.25,26		

CHAPITRE III.

CATALOGUE.

Les résultats de notre discussion ont été réunis dans les Tableaux (p. 81 et suiv.), au sujet desquels voici quelques explications :

31. **Grandeurs adoptées.** — Comme nous n'avons pas cru devoir entreprendre une discussion d'ensemble des diverses mesures concernant l'éclat des étoiles des Pléiades, nous rappellerons en passant que les plus importantes ([1]) sont celles de MM. Wolf, Pritchard, Pickering, Lindemann, Müller et Kempf et les listes contenues dans les catalogues de Bonn (BD), de Potsdam (PD) et de Berlin (AG).

Pour les applications ultérieures que nous nous proposons de faire du présent catalogue, nous avons cherché à obtenir un système de grandeurs homogène. Les mesures d'éclat qui nous ont paru les plus recommandables à cet égard sont celles de MM. Müller et Kempf à Potsdam ([2]), parce que, tout en comportant une grande précision (erreur moyenne $\pm 0^{g},02$ à $\pm 0^{g},04$), elles comprennent le plus grand nombre des étoiles de notre catalogue : ces mesures sont d'ailleurs les plus modernes. Elles ont été obtenues au moyen d'un photomètre de

([1]) Le présent Mémoire était en cours d'impression lorsque M. Gaultier a publié des mesures tout récemment exécutées à l'Observatoire d'Alger : E.-Ch. Gaultier, *Catalogue annuel de grandeurs photographiques de 300 étoiles des Pléiades* (*Bulletin de la Société astronomique de France*, octobre 1900).

([2]) Müller et Kempf, *Bestimmung der Helligkeit von 96 Plejadensternen* (*Astron. Nachr.*, n° 3387-88).

Zöllner, et répétées par les deux observateurs à trois lunettes ayant 67^{mm}, 135^{mm} et 207^{mm} d'ouverture. De faibles écarts systématiques relatifs aux diverses conditions d'observation ont été soigneusement recherchés et éliminés.

Nous avons donc adopté les grandeurs de Müller et Kempf, sauf pour 25 étoiles ne figurant pas dans leurs mesures et pour lesquelles on a procédé comme suit :

Les grandeurs de ces étoiles ne se trouvant que dans les catalogues de Wolf, de la BD et de l'A. G., nous avons, pour l'homogénéité de notre travail, ramené ces grandeurs au système de Potsdam (P) en appliquant des corrections tirées de la comparaison par grandeur des diverses mesures entre elles. Dans le Mémoire cité précédemment on trouvera les comparaisons P-BD, P-W ; et voici la comparaison P-AG que nous avons faite.

Gr. AG.	N d'*.	P — AG.
g 5,37	15	g 0,02
7,56	16	+0,09
8,39	15	+0,05
8,81	16	+0,66

Les données qui nous ont servi à calculer les grandeurs des étoiles en question sont les suivantes :

*.	AG + corr.		BD + corr.		W + corr.		Gr. adoptée.
W. 11	8,3	0,21	8,3 −	0,08	8,5 −	0,22	8,4
W. 12	8,1	0,13	8,4	0,13	8,5	0,22	8,3
W. 20	8,5	0,34	8,0	0,08	8,5 —	0,22	8,3
W. 22	"	"	"	"	9,5	0,63	10,1
W. 23	9,2	1,08	9,3	0,94	10,0	1,24	10,6
W. 40	8,7	0,52	8,9	0,54	9,0	0,14	9,3
J. 8	8,8	0,61	8,9	0,54	"	"	9,4
W. 84	8,8	0,61	8,9	0,54	9,0	0,14	9,3
W. 86	"	"	"	"	9,5	0,63	10,1
J. 14	8,5	0,34	8,4	0,13	"	"	8,7
W. 106	"	"	9,2 +	0,82	9,0	0,14	9,6
J. 21	7,0	0,00	8,0 −	0,08	"	"	7,5
W. 158	"	"	"	"	9,6	0,78	10,4
W. 265	"	"	"	"	9,75	0,90	10,6
J. 50	7,1	0,00	7,0 −	0,38	"	"	6,9
J. 56	8,5	0,34	8,5	0,22	"	"	8,8
W. 3[illegible]6	"	"	"	"	10,0	1,24	11,2

⁎.	AG + corr.		BD + corr.		W + corr.		Gr. adoptée.
12. 567 BD....	8.9	− 0,73	9.0	0,63	"	"	9.6
W. 400.......	"	"			9.75	− 0,90	10,6
W. 403	8.5	0,34	8.4	0,13	9.0	0,14	8,8
A. 38........	6,8	0,00	7.5	− 0,27	7.75	+ 0.44	7.1
W. 464.......	"	"			9.75	− 0,90	10,6
W. 483.......	"	"	9.5	− 1.14	9.6	− 0,78	10,5
W. 487.......	9.0	0,85	9.0	− 0,63	9.5	− 0,63	9,9
W. 503.......	8,8	− 0,61	8.9	− 0.54	9.5	0,63	9.7

Nous remarquerons que le système de grandeurs ainsi adopté satisfait à la formule de Pogson.

La seule étoile que l'on n'ait pu faire entrer dans ce système est 61 Elkin, dont la grandeur n'a été publiée nulle part ailleurs. Pour cette étoile la grandeur donnée par Elkin a été adoptée; mais on l'a inscrite entre crochets dans notre catalogue.

32. **Positions différentielles.** — Les positions relatives que nous donnons plus loin sont réduites à 1873.0 au moyen des mouvements propres relatifs correspondants. *Dans les cas où ces mouvements n'ont pu être déterminés, les positions données correspondent à l'époque moyenne des observations dont la date a été inscrite d'ailleurs pour chaque étoile.*

33. **Précession. Variation séculaire.** — Au moyen des positions ainsi obtenues, nous avons calculé de nouveau les valeurs de la précession relative Δp, au moyen des formules suivantes appropriées à l'emploi de l'arithmomètre, et dont les coefficients reposent sur la seule constante $\log n''(1873) = 1.302210$ (Struve) et la position adoptée plus loin de l'étoile origine Alcyone :

$$\Delta p_{(s)} = 10^{-8}.2450\,\Delta\alpha_{(s)} + 10^{-7}.3800\,\Delta\delta_{('')} - 10^{-8}.458\,\Delta\alpha^2_{(m)}$$
$$+ 10^{-10}.485\,\Delta\delta^2_{('')} - 10^{-8}.116\,\Delta\alpha_{(m)}\,\Delta\delta_{('')},\ \text{en asc. droite,}$$

$$\Delta p_{('')} = -10^{-7}.1194\,\Delta\alpha_{(s)} - 10^{-7}.1095\,\Delta\alpha^2_{(m)},\ \text{en déclin.}$$

Les valeurs de la variation séculaire relative Δv ont été également calculées (¹) par les formules

$$\Delta c = -10^{-5}.112\,\Delta\alpha_{(m)} + 10^{-6}.145\,\Delta\delta_{(l)}, \text{ en asc. dr.,}$$

$$\Delta c = 10^{-5}.150\,\Delta\alpha_{(m)} - 10^{-6}.45\,\Delta\delta_{(l)}, \text{ en déclin.}$$

Ces données permettent de réduire nos positions différentielles à un autre équinoxe t. En ascension droite on a, par exemple,

$$\Delta\alpha_t = \Delta\alpha_{1873} + \left(\Delta p + \frac{\mu}{100}\right)(t - t_0) + \frac{\Delta c}{200}(t - t_0)^2.$$

Le troisième terme de la précession constant pour tout le groupe disparaît naturellement de cette réduction.

Remarque. — Nous avons adopté comme nom de chaque étoile son appellation la plus ancienne : les An. se rapportent à Bessel, les W. à Wolf, les J. à Jacoby et les E. à Elkin.

Enfin, on a inscrit dans la dernière colonne des Tableaux suivants le nombre des systèmes distincts de mesures sur lesquels reposent la position et le mouvement de chaque étoile.

(¹) Nous employons suffisamment de figures pour que l'on ne craigne pas une erreur supérieure à 0",01 par siècle.

I.

CATALOGUE DIFFÉRENTIEL DE 103 ÉTOILES DES PLÉIADES.

Étoile.	Gr.	Ép. moy.	Δα.	Δp.	Δν.	μ.	Δδ.	Δp.	Δν	ν.	N. de Cat.
			m s	s 0,	s 0,	s	″	″ 0,	″ 0,	″	
W. 11	8,4*	1880	—3.45,860	+00027	+00043	—0,34	+15.36,00	+2685	+0047	—3,7	3
W. 12	8,3*	77	—3.45,49	— 1604	+ 01	»	—27.55,9	+2681	+ 67	″	2
W. 20	8,3*	80	—3.29,432	+ 484	+ 52	—0,21	+26.35,21	+2489	+ 39	—3,7	3
W. 22	10,1*	74	—3.28,93	— 444	+ 28	″	+ 1.57,4	+2483	+ 50	″	1
W. 23	10,6*	81	—3.28,92	— 569	+ 13	″	—13.52,4	+2483	+ 57	″	1
W. 39	10,7	74	—3.13,75	— 506	+ 24	″	— 0.41,8	+2303	+ 47	″	1
W. 40	9,3*	81	—3.10,31	+ 1256	+ 68	″	+45.37,6	+2262	+ 26	″	1
W. 47	9,3	83	—3. 5,020	— 412	+ 24	—0,028	+ 1.10,87	+2200	+ 44	—1,70	6
W. 51	8,4	80	—3. 3,619	+ 184	+ 39	—0,20	+16.55,43	+2183	+ 37	—5,3	3
16 *g* Cœleno	5,8	77	—2.40,888	+ 5	+ 30	+0,002	+10.39,18	+1914	+ 34	+0,40	12
W. 65	9,9	87	—2.38,58	— 1570	— 11	″	—31.23,3	+1886	+ 53	″	2
17 *b* Électre	4,0	77	—2.36,073	— 382	+ 19	+0,006	+ 0. 5,79	+1857	+ 38	+0,36	12
J. 8	9,4*	77	—2.34,90	— 2274	— 30	″	—50.33,8	+1843	+ 60	″	2
W. 72	9,0	82	—2.22,523	— 7	+ 27	—0,152	+ 9. 8,55	+1716	+ 31	+0,11	7
W. 73	9,3	83	—2.22,186	— 1273	— 06	+0,108	—24.30,80	+1692	+ 46	—0,38	6
18 *m*	6,0	75	—2.21,030	+ 1312	+ 60	—0,038	+43.41,51	+1679	+ 15	0,02	8
19 *e* Taygète	4,6	77	—2.17,206	+ 470	+ 38	+0,026	+21.22,74	+1633	+ 24	+0,35	12
W. 84	9,3*	83	—2.10,234	+ 1528	+ 63	+0,12	+48.40,90	+1550	+ 10	+0,6	4
W. 86	10,1*	83	—2. 9,28:	— 1642	+ 20	″	+ 4. 5,6	+1539	+ 30	″	2
J. 14	8,7*	77	—2. 3,02	— 2340	— 37	″	—54.19,3	+1465	+ 54	″	3

Étoile.	Gr.	Ép. moy.	Δα.	Δp.	Δν.	μ.	Δδ.	Δp.	Δν.	ν.	N. de Cat.
			m s	s 0,	s 0,	s	′ ″	″ 0,	″ 0,	″	
An. 1	8,3	1874	—2. 2,342	—00472	+00011	—0,037	— 4.30,41	+1457	+0032	—1,28	10
An. 2	8,8	74	—1.55,298	+ 519	+ 35	—0,042	+21.12,14	+1373	+ 18	—2,05	9
An. 3	10,4	75	—1.53,228	— 340	+ 13	—0,080	— 1.36,22	+1349	+ 28	—0,64	6
An. 4	7,5	74	—1.51,601	+ 238	+ 27	—0,137	+13.32,76	+1329	+ 21	—0,59	10
An. 5	10,0	74	—1.50,106	+ 907	+ 44	—0,056	+31. 3,15	+1311	+ 13	—1,97	7
W. 106	9,6*	89	—1.48,964	+ 1548	+ 60	″	+47.47,25	+1298	+ 05	″	2
An. 6	9,7	75	—1.47,870	+ 141	+ 24	—0,127	+10.44,53	+1285	+ 21	—0,42	9
20 c Maïa	4,2	77	—1.39,923	+ 341	+ 27	+0,062	+15.30,28	+1190	+ 17	—0,09	12
J. 21	7,5*	77	—1.37,18	+ 2406	— 44	″	57.43,7	+1158	+ 50	″	2
An. 7	8,1	74	—1.36,944	— 398	+ 08	—0,040	— 4.13,30	+1155	+ 26	—1,14	10
21 k Astérope	6,2	76	—1.35,609	+ 779	+ 38	+0,015	+26.43,42	+1139	+ 11	—0,30	11
22 l Astérope	6,8	76	—1.27,132	+ 740	+ 35	—0,003	+25. 8,75	+1038	+ 10	—0,06	11
W. 137	10,7	87	—1.20,62	— 310	+ 07	″	— 2.56,6:	+ 961	+ 21	″	2
An. 8	7,8	75	—1.15,335	+ 3	+ 14	—0,016	+ 5.13,45	+ 898	+ 16	+2,50	9
An. 9	8,3	74	—1.13,074	+ 6	+ 14	—0,041	+ 4.53,76	+ 871	+ 16	—0,36	10
23 d Mérope	4,5	77	—1. 8,824	— 532	— 01	—0,055	— 9.35,02	+ 821	+ 21	—0,02	12
An. 10	7,6	74	—1. 2,036	+ 182	+ 16	—0,071	— 8.50,01	+ 740	+ 11	—0,21	10
W. 158	10,4*	87	—0.56,03	— 697	— 07	″	—14.47,6	+ 668	+ 20	″	2
W. 161	8,4	82	—0.53,293	— 1226	— 21	—0,104	—29. 0,21	+ 636	+ 26	+1,61	7
W. 168	10,3	1882	—0.50,33:	—00848	—00012	″	—19.10,4:	+ 600	+ 21	″	3

Etoile.	Gr.	Ep. moy.	Δα.	Δp.	Δν.	μ.	Δδ.	Δp.	Δν.	ν.	N. de Cat.
			m s	s 0,	s 0,	s	° ′ ″	″ 0,	″ 0,	″	
An. 11	9,6	1875	−0.49,577	−00131	+00006	−0,090	− 0.14,23	+0591	+0012	+0,24	8
An. 12	7,2	76	−0.30,787	+ 869	+ 28	−0,057	+24.49,52	+ 368	+ 04	+0,15	11
W. 188	8,5	81	−0.27,538	+ 1566	+ 45	+0,056	+42.49,18	+ 329	− 13	+0,35	5
An. 13	8,6	74	−0.24,462	− 312	− 03	−0,051	− 6.39,26	+ 292	+ 09	−0,72	10
W. 196	9,8	83	−0.19,468	+ 342	+ 12	−0,035	+10.14,97	+ 232	00	−2,69	6
An. 14	9,6	75	−0.17,861	− 782	− 17	−0,185	−19.30,71	+ 213	+ 13	+4,60	8
An. 15	9,0	74	−0.12,530	+ 21	+ 03	−0,104	+ 1.21,49	+ 150	+ 02	+0,66	10
An. 16	10,7	62	−0.11,498	− 684	− 15	−0,194	−17.18,05	+ 137	+ 11	+1,35	3
W. 207	10,7	74	−0.11,13	+ 413	+ 13	″	+11.35,1	+ 133	− 03	″	1
An. 17	7,2	74	−0.10,283	− 887	− 21	−0,350	−22.46,12	+ 123	+ 13	+2,62	10
An. 18	8,6	74	−0. 9,786	+ 52	+ 03	−0,019	+ 2. 0,68	+ 117	+ 01	+0,21	10
24 *p*	6,7	74	−0. 8,046	+ 5	+ 02	−0,017	+ 0.39,41	+ 96	+ 02	+4,10	10
An. 19	7,3	74	−0. 7,195	− 705	− 17	+0,046	−18. 7,37	+ 86	+ 10	−0,72	10
An. 20	8,0	74	−0. 6,424	+ 1088	+ 29	−0,116	+28.59,10	+ 77	− 12	+0,32	10
An. 22	7,5	74	−0. 4,087	− 444	− 11	−0,027	−11.26,37	+ 49	+ 06	−0,42	10
An. 21	9,0	74	−0. 3,965	+ 1254	+ 33	−0,170	+33. 6,93	+ 47	− 14	+2,89	9
An. 23	8,1	74	−0. 1,003	− 973	− 25	+0,007	−25.36,73	+ 12	+ 12	−0,19	10
An. 24	7,2	74	−0. 0,142	+ 418	+ 11	−0,018	+10.59,78	+ 2	− 05	+0,01	10
Alcyone	3,2	″	0. 0,000	000	00	0,000	0. 0,00	0	00	0,00	″
An. 25	8,0	75	−0. 8,965	− 1103	− 30	+0,225	−29.42,56	+ 107	+ 11	−1,35	8

Étoile.	Gr.	Ép. moy.	Δα.	Δp.	Δv.	μ.	Δδ.	Δp.	Δv.	ν.	N. de Cat.
			m s	s 0,	s 0,	s	′ ″	″ 0,	″ 0,	″	
W. 240..........	10,8	74	+0.11,23	— 207	— 07	″	— 6.10,4	— 134	00	″	1
An. 26..........	9,0	73	+0.14,853	— 1238	— 34	—0,221	—33.41,33	— 177	+ 12	+2,39	7
W. 249..........	10,1	81	+0.23,886	— 313	— 12	—0,11	— 9.46,08	— 285	— 01	—2,3	4
W. 256..........	10,2	74	+0.27,68	— 1450	— 42	″	—40. 6,0	— 331	+ 11	″	1
W. 264..........	10,2	82	+0.30,393	+ 62	— 04	—0,24	— 0.20,24	— 363	— 07	+2,7	3
W. 265..........	10,6*	74	+0.32,35	— 437	— 17	″	—13.34,5	— 387	— 02	″	1
J. 50..........	6,9*	83	+0.35,193	+ 2119	+ 47	—0,34	+53. 3,19	— 421	— 32	+1,3	4
W. 275..........	9,6	82	+0.37,901	+ 181	— 02	—0,187	+ 2.18,46	— 453	— 10	+0,47	7
An. 27..........	8,5	74	+0.43,724	+ 599	+ 07	+0,019	+12.54,68	— 523	— 16	+0,57	10
W. 286..........	10,5	82	+0.48,55:	— 367	— 18	″	—12.46,3:	— 581	— 06	″	3
An. 28..........	5,8	75	+0.53,586	— 1419	— 46	+0,053	—40.53,68	— 641	+ 06	+0,18	7
W. 296..........	10,2	82	+0.57,075	+ 15	— 10	0,00	— 3.15,82	— 683	— 12	+1,6	3
An. 29..........	7,2	74	+1. 0,131	+ 703	+ 07	—0,009	+14.34,58	— 719	— 21	+0,12	10
W. 307..........	9,4	84	+1. 5,333	+ 340	— 04	—0,239	+ 4.43,90	— 782	— 18	—0,89	6
J. 56..........	8,8*	77	+1.17,05	— 1727	— 58	″	—50.31,2	— 922	+ 04	″	2
W. 327..........	10,6	74	+1.18,33	— 1126	— 43	″	—34.39,8	— 937	— 03	″	1
W. 326..........	11,2*	98	+1.18,74	+ 1416	+ 21	″	+31.56,6	— 942	— 33	″	1
26 *s*............	6,7	76	+1.28,056	— 343	— 25	+0,153	—14.37,52	—1054	— 15	—1,12	11
22.567 BD.......	9,6*	81	+1.34,05	— 1671	— 60	″	—50. 5,6	—1126	00	″	1
27 *f* Atlas........	3,9	77	+1.40,512	+ 136	— 15	—0,012	— 2.50,62	—1204	— 23	—0,19	12

Étoile.	Gr	Ép. moy.	Δα.	Δp.	Δv.	μ.	Δδ.	Δp.	Δv.	ν.	N. de Cat.
			m s	s 0,	s 0,	s	"	" 0,	" 0,	"	
28 *h* Pléione.....	5,4	1876	+1.41,726	+00330	—00011	—0,011	+ 2. 9,70	—1218	—0026	+0,44	11
An. 30..........	8,4	74	+1.43,440	— 237	— 25	— 041	—12.49,92	—1239	— 19	—0,45	10
W. 362..........	9,8	77	+1.45,22	— 1327	— 53	"	—41.40,6	—1260	— 06	"	2
An. 31..........	7,8	76	+1.46,537	+ 939	+ 04	— 047	—17.44,01	—1276	— 34	—1,14	11
An. 32..........	7,0	74	+1.51,514	+ 916	+ 02	— 016	—16.50,25	—1336	— 35	—0,29	10
An. 33..........	8,3	74	+1.56,115	+ 622	— 06	— 052	+ 8.51,13	—1391	— 32	—0,53	10
E. 61	(9,2)	88	+2. 2,53	— 779	— 43	"	—28.16,6	—1468	— 17	"	2
W. 388..........	9,4	77	+2. 5,39	— 1336	— 57	"	—43. 9,7	—1503	— 11	"	2
W. 400..........	10,6*	83	+2.11,43	+ 174	— 20	"	— 3.48,3	—1575	— 30	"	2
W. 403..........	8,8*	77	+2.13,70	— 1405	— 61	"	—45.28,6	—1602	— 12	"	2
An. 34..........	6,5	74	+2.15,209	— 558	— 39	+ 061	—23.14,94	—1721	— 22	+0,03	10
An. 35..........	9,7	75	+2.16,230	+ 664	— 09	— 180	+ 8.41,60	—1633	— 37	+4,55	6
An. 36..........	9,4	75	+2.24,997	+ 624	— 11	— 196	— 7. 5,21	—1738	— 38	+3,20	9
An. 37..........	7,8	74	+2.26,352	+ 931	— 04	— 018	+15. 0,29	—1755	— 42	—1,23	10
W. 420..........	10.1	80	+2.28,216:	+ 24	— 27	— 24:	— 8.48,01:	—1777	— 32	+4,3:	4
An. 38..........	7,1*	74	+2.29,278	— 210	— 33	— 014	—15. 0,14	—1790	— 29	+0,16	10
W. 436..........	9,6	83	+2.44,603	+ 1710	+ 13	— 133	+34. 2,95	—1974	— 55	+4,09	4
An. 39..........	7,8	73	+2.57,255	+ 1347	— 01	+ 089	—23.50,03	—2127	— 54	+0,43	7
W. 464..........	10,6*	74	+3.11,12	+ 87	— 33	"	— 9.50,1	—2294	— 42	"	2
An. 40..........	7,3	77	+3.23,151	+ 182	— 33	+ 020	— 8. 5,84	—2439	— 46	+0,97	9
W. 483..........	10,5*	74	+3.32,78	+ 73	— 38	"	—11.32,1	—2555	— 47	"	1
W. 487..........	9,9*	81	+3.35,25	— 1012	— 66	"	—40. 7,6	—2585	— 34	"	1
W. 503..........	9,7*	77	+3.56,183	+ 1552	— 05	"	+25.25,26	—2838	— 64	"	2

35. **Erreurs moyennes des résultats.** — Nous avons classé suivant la grandeur des étoiles les erreurs moyennes calculées précédemment.

Voici les résultats que donnent les 49 étoiles principales pour lesquelles ce calcul a été fait (l'étoile 24 *p* étant laissée de côté, à cause d'une irrégularité qui semble exister dans son mouvement propre).

Gr.	$\varepsilon_{\Delta\alpha}$.	ε_{μ}.	$\varepsilon_{\Delta\delta}$.	ε_{ν}.	N. d'★.
	s	s	"	"	
5,72	±0,0060	±0,0372	±0,061	±0,377	16
7,68	62	378	73	443	17
9,06	89	529	76	445	16
Moyenne	72	431	70	426	49

On voit que l'influence de la grandeur sur la précision des résultats n'est pas très considérable. Adoptons, comme erreurs moyennes, celles déduites de l'ensemble des 49 étoiles. A une époque quelconque t, les erreurs sur la position d'une étoile tirée de notre Catalogue sont :

$$\varepsilon_{\Delta\alpha} = \left\{ \overline{0,0072}^2 + \left[\frac{0,0431(t-t_0)}{100} \right]^2 \right\}^{\frac{1}{2}},$$

$$\varepsilon_{\Delta\delta} = \left\{ \overline{0,070}^2 + \left[\frac{0,426(t-t_0)}{100} \right]^2 \right\}^{\frac{1}{2}}.$$

Ces erreurs sont calculées dans le Tableau suivant :

	Err. moy.			Err. moy.	
$t-t_0$.	asc. dr.	décl.	$t-t_0$.	asc. dr.	décl.
a	s	"	a	s	"
0	±0,007	±0,07	50	±0,023	±0,23
10	08	08	60	27	27
20	11	11	70	31	31
30	15	15	80	35	35
40	18	18	90	39	39
50	23	23	100	44	44

Il faut remarquer que ces erreurs doivent être diminuées d'un tiers de leur valeur, si l'on veut les rendre comparables à celles qui sont assez fréquemment employées sous le nom d'*erreurs probables*.

36. Position et mouvement propre absolus d'Alcyone. — On avait tout d'abord entrepris la détermination des positions et mouvements propres de 13 étoiles brillantes des Pléiades auxquelles on se proposait de rattacher ce Catalogue. Bien que cette recherche reposât sur l'ensemble des observations méridiennes contenues dans les différents Catalogues de la bibliothèque de l'observatoire de Lyon, il nous a paru postérieurement que le système de poids et de corrections ainsi déterminés n'aurait pas une autorité suffisante.

Nous avons cru préférable de relier le Catalogue différentiel des Pléiades au nouveau Catalogue général de M. Newcomb qui a bien voulu nous communiquer les renseignements suivants concernant les trois étoiles fondamentales du groupe :

Étoile.	α 1873.	Préc. ann. (Struve).	Var. séc.	Mt pr. par siècle.	δ 1873.	Préc. ann. (Struve).	Var. séc.	Mt pr. par siècle.
7 b Électre.	$3^h.37^m.20^s,211$	$+3^s,54930$	$-0^s,01777$	$+0^s,112$	$+23^\circ.42'.43'',67$	$+11'',6925$	$-0'',4257$	$-5'',28$
lcyone....	$39.56,287$	$+3,55310$	$-0,01759$	$-0,112$	$+23.42.37,89$	$+11,5073$	$-0,4295$	$-5,28$
7 f Atlas...	$41.36,815$	$+3,55448$	$+0,01743$	$+0,076$	$+23.39.47,32$	$+11,3869$	$-0,4316$	$-5,12$

A ces données nous avons rattaché nos positions et mouvements relatifs en donnant à Alcyone le poids 2 (Newcomb). En ascension droite, il a été tenu compte de la variation de l'équation personnelle avec la grandeur dans les observations méridiennes : le coefficient adopté étant $0^s,01$ par grandeur. On a trouvé ainsi :

Ét.	Gr.	Posit. (Newc.).	Équ. pers.	Position 1873 abs.	relat.	concl.	Mouvement propre abs.	relat.	concl.	Poids.
				Ascensions droites.						
17 *b*.....	4,0	20,211 s	−0,008 s	203 s	−36,073 s	56,276 s	+,112 s	+,006 s	+,106 s	1
Alcyone.	3,2	56,287	"	287	"	287	+,112	"	+,112	2
27 *f*.....	3,9	36,815	−0,007	808	+40,512	296	+,076	−,012	+,088	1
			Adopté..................			56,287			+,105	
				Declinaisons.						
17 *b*.....		+43″,67			+5″,79	+37″,88	−5″,28	+0″,36	−5″,64	1
Alcyone.		+37,89			"	+37,89	−5,28	"	−5,28	2
27 *f*.....		+47,32			−50,62	+37,94	−5,12	−0,19	−4,93	1
			Adopté..................			+37,90			−5,28	

On a réuni dans le Tableau suivant les données relatives à Alcyone, qui seront adoptées dans les recherches ultérieures :

Alcyone (origine).

	Position 1873.	Préc. ann.	Var. séc.	3e terme de la préc.	Mt pr. ann.
α......	3h 39m 56s,287	+ 3s,55310	+0s,01759	−0s,0039	+0s,00105
δ......	+23°42′37″,90	+11″,5073	−0″,4295	−0″,159	−0″,0528

la réduction à une époque $1873 + t$ étant

$$(\text{préc} + \text{M}^{\text{t}}\,\text{pr})\,t + (\text{var. séc})\,\frac{t^2}{200} + (3^{\text{e}}\ \text{terme})\left(\frac{t}{100}\right)^3.$$

37. **Carte des mouvements relatifs des Pléiades.** — L'ensemble des mouvements relatifs des Pléiades peut être apprécié d'un coup d'œil dans la Carte page 89, où nous les avons représentés en grandeur et en direction par des segments. Comme Pritchard et Elkin avaient traduit leurs résultats de la même façon, cela permet de comparer rapidement ces différents travaux entre eux. D'ailleurs, leur comparaison numérique résulte des résidus O — C calculés précédemment.

Les mouvements propres relatifs de Pritchard diffèrent tellement de ceux que nous avons obtenus, ainsi que de ceux qui résultent des mesures héliométriques de Bessel et d'Elkin, qu'ils ne semblent plus actuellement devoir être pris en con-

Fig. 1.

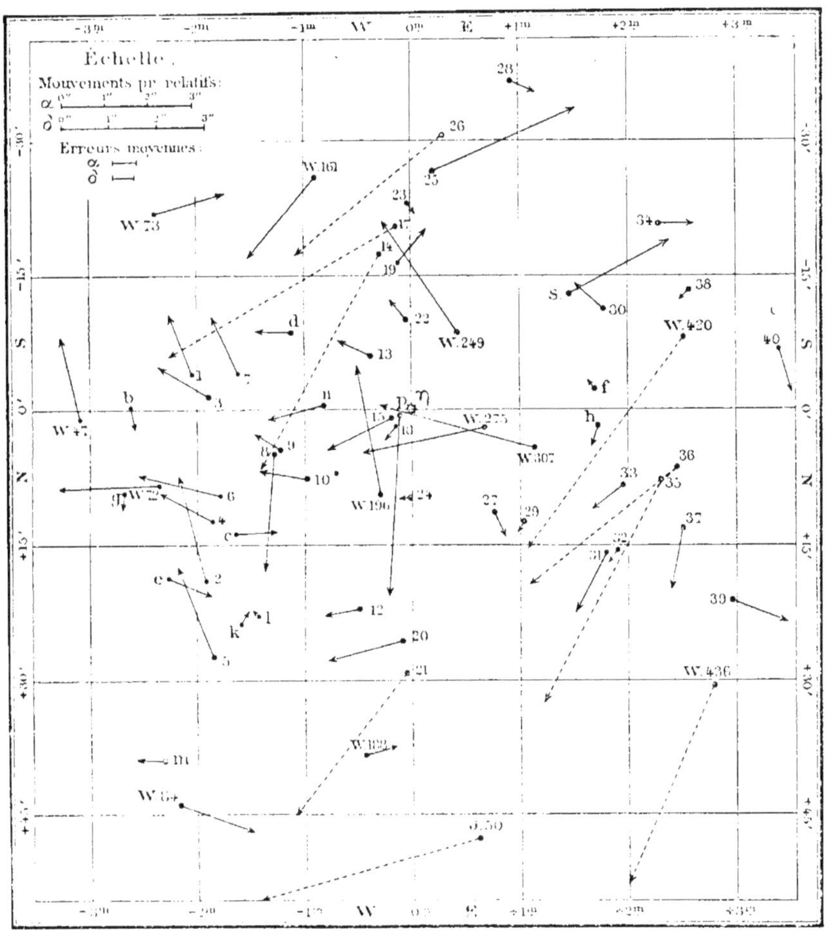

Dans cette Carte on a choisi comme origine l'étoile Alcyone = η Taureau (1873,0).
Les mouvements figurés en ligne pointillée sont ceux des étoiles qui semblent ne pas appartenir au système physique des Pléiades.
Dans l'échelle on a représenté, sous le nom d'*erreurs moyennes*, la moyenne des erreurs probables en α et δ déduites du calcul.

sidération. Les mouvements de Wolf, quoique meilleurs, doivent être également abandonnés : on s'explique, en effet, que les erreurs systématiques relevées en ascension droite dans ces mesures affectent beaucoup les mouvements conclus pour cent ans, d'autant plus que l'intervalle de temps séparant les observations de Wolf et de Pritchard de celles de Bessel est relativement court.

D'un autre côté, la concordance de nos résultats avec ceux déduits spécialement de mesures héliométriques, et les faibles erreurs moyennes qu'ils comportent, paraissent démontrer que, malgré leur exiguïté, les mouvements relatifs des Pléiades ne peuvent plus être mis en doute à notre époque.

Enfin la petitesse de ces mouvements relatifs par rapport au mouvement général d'entraînement du groupe en même temps que l'agglomération des étoiles brillantes dans cette portion restreinte du ciel montrent, avec une grande probabilité, que l'amas des Pléiades est un système physique.

TROISIÈME PARTIE.

DISCUSSION DES OCCULTATIONS DE GROUPES D'ÉTOILES PAR LA LUNE.

CHAPITRE I.

MÉTHODE DE RÉDUCTION.

38. **Calcul de la distance angulaire apparente de l'étoile au centre de la Lune.** — Soient, à l'instant observé θ (temps sidéral) d'un phénomène d'occultation :

Δ, α, δ, t la distance, les coordonnées équatoriales et l'angle horaire géocentriques de la Lune;

Δ', α', δ', t' la distance, les coordonnées équatoriales et l'angle horaire apparents du même astre;

α_*, δ_* les coordonnées équatoriales apparentes de l'étoile;

π la parallaxe horizontale équatoriale de la Lune;

d la distance angulaire apparente de l'étoile au centre de la Lune;

D cette même quantité rapportée à la distance Δ.

Si l'on pose

$$f = \frac{\Delta'}{\Delta} \qquad \text{et} \qquad t' = t - \mathrm{T},$$

les formules connues

$$(1) \qquad \left\{ \begin{aligned} t &= \theta - \alpha, \\ f \cos\delta' \cos\mathrm{T} &= \cos\delta - \rho \cos\varphi' \sin\pi \cos t, \\ f \cos\delta' \sin\mathrm{T} &= \qquad + \rho \cos\varphi' \sin\pi \sin t, \\ f \sin\delta' &= \sin\delta - \rho \sin\varphi' \sin\pi, \\ \alpha' &= \alpha - \mathrm{T} \end{aligned} \right.$$

(dans lesquelles $\rho \cos \varphi'$, $\rho \sin \varphi'$ représentent comme on sait les coordonnées rectangulaires géocentriques du lieu d'observation, dans le méridien) permettront de calculer les coordonnées apparentes de la Lune, pourvu que l'on ait, au préalable et avec l'argument θ, tiré des Tables lunaires les quantités α, δ, π.

Si d'autre part, en tenant compte de la précession et de la réduction au jour, on a, à l'aide des Catalogues, calculé les coordonnées apparentes de l'étoile, on obtiendra la distance angulaire apparente d par la formule

$$\cos d = \sin \delta_* \sin \delta' + \cos \delta_* \cos \delta' \cos (\alpha' - \alpha_*).$$

Pour simplifier le calcul on introduit l'angle de position P; en effet, en posant

$$\delta_1 = \frac{\delta' + \delta_*}{2},$$

on a

$$(2) \quad \begin{cases} d \sin \mathrm{P} = (\alpha_* - \alpha') \cos \delta_1, \\ d \cos \mathrm{P} = \delta_* - \delta', \end{cases}$$

formules que l'on s'est assuré être suffisamment exactes au point de vue numérique.

La distance angulaire d rapportée à la distance Δ devient évidemment

$$(3) \quad \mathrm{D} = fd.$$

Cette quantité D va être comparée au demi-diamètre tabulaire r de la Lune, en vue de former une équation de condition.

39. **Equation de condition.** — Si les quantités qui ont servi à calculer D étaient exactes ainsi que le demi-diamètre tabulaire r, on aurait $\mathrm{D} = r$. Donc, si l'on suppose les erreurs suivantes :

$\Delta\theta$ sur le temps d'observation;
$\Delta\alpha_{☾}$, $\Delta\delta_{☾}$ sur la position de la Lune;
$\Delta\alpha_*$, $\Delta\delta_*$ » l'étoile;
$\Delta\pi$ sur la parallaxe;

d'où il résulte l'erreur

ΔD sur D,

et si l'on appelle

Δr la correction au demi-diamètre tabulaire, on aura l'équation de condition cherchée

$$D - r = \Delta r - \Delta D,$$

dans laquelle il ne reste plus qu'à calculer ΔD. Pour cela négligeons Δf, quantité de second ordre, et posons

$$A = f \sin P \cos \delta_1, \qquad B = f \cos P,$$

on trouve, eu égard à (2) et (3),

$$\Delta D = -A\Delta\alpha' - B\Delta\delta' + A\Delta\alpha_* + B\Delta\delta_* ;$$

d'ailleurs les formules (1) donnent

$$(4)\quad \begin{cases} \Delta t = \Delta\theta - \Delta\alpha, \\ \Delta T = \dfrac{\partial T}{\partial t}\Delta t + \dfrac{\partial T}{\partial \delta}\Delta\delta + \dfrac{\partial T}{\partial \pi}\Delta\pi, \\ \Delta\delta' = \dfrac{\partial \delta'}{\partial t}\Delta t + \dfrac{\partial \delta'}{\partial \delta}\Delta\delta + \dfrac{\partial \delta'}{\partial \pi}\Delta\pi, \\ \Delta\alpha' = \Delta\alpha - \Delta T, \end{cases}$$

où l'on a

rigoureusement	sensiblement
$\dfrac{\partial T}{\partial t} = -L = \dfrac{\rho \cos\varphi' \sin\pi}{f \cos\delta'} \cos t',$	$L = \cot \dfrac{t + t'}{2} \sin(\alpha' - \alpha),$
$\dfrac{\partial \delta'}{\partial t} = +M = -\dfrac{\rho \cos\varphi' \sin\pi \sin\delta'}{f} \sin t',$	$M = \sin \dfrac{\delta + \delta'}{2} \cos \dfrac{\delta + \delta'}{2} \sin(\alpha' - \alpha),$
$\dfrac{\partial T}{\partial \delta} = +P_1 = \dfrac{\sin\delta \sin T}{f \cos\delta'},$	
$\dfrac{\partial \delta'}{\partial \delta} = +Q = \dfrac{\cos(\delta - \delta') - 2 \sin\delta \sin\delta' \sin^2 \dfrac{T}{2}}{f};$	$Q = 1,$
$\dfrac{\partial T}{\partial \pi} = -l = \dfrac{\rho \cos\varphi' \cos\pi \sin t'}{f \cos\delta'},$	$l = \dfrac{\alpha' - \alpha}{\pi},$
$\dfrac{\partial \delta'}{\partial \pi} = +m = \dfrac{\rho \cos\pi (\cos\varphi' \sin\delta' \cos t' - \sin\varphi' \cos\delta')}{f},$	$m = \dfrac{\delta' - \delta}{\pi}.$

Soient encore μ et ν les mouvements, en ascension droite et en déclinaison, de la Lune (exprimés en secondes d'arc) pendant $\frac{1}{15}$ de seconde de temps; on a

$$\Delta\alpha = \Delta\alpha_{☾} - \mu\,\Delta\theta,$$
$$\Delta\delta = \Delta\delta_{☾} + \nu\,\Delta\theta,$$

et les formules (4) deviennent

$$\Delta t = \Delta\theta - \Delta\alpha_{☾} - \mu\,\Delta\theta,$$
$$\Delta T = -L(\Delta\theta - \Delta\alpha_{☾} - \mu\,\Delta\theta) + P_1(\Delta\delta_{☾} + \nu\,\Delta\theta) - l\,\Delta\pi,$$
$$\Delta\delta' = -M\,\Delta\alpha_{☾} + \Delta\delta_{☾} + [M(1-\mu) + \nu]\Delta\theta + m\,\Delta\pi,$$
$$\Delta\alpha' = (1-L)\,\Delta\alpha_{☾} - P_1\,\Delta\delta_{☾} + [\mu(1-L) - P_1\nu + L]\Delta\theta + l\,\Delta\pi.$$

Les valeurs $\Delta\alpha'$, $\Delta\delta'$, portées dans l'expression de ΔD, donnent

$$\Delta D = A\,\Delta\alpha_* + B\,\Delta\delta_* + (AL + BM - A)\,\Delta\alpha_{☾} + (AP_1 - B)\,\Delta\delta_{☾}$$
$$- [AL + BM - \mu(AL + BM - A) - \nu(AP_1 - B)]\,\Delta\theta - (A\,l + B\,m)\,\Delta\pi.$$

Or le calcul montre que les quantités $AL + BM$, $P_1 A$ ne dépassent pas numériquement 0,005 et qu'on peut les négliger devant A, B; alors l'expression précédente se réduit à

$$\Delta D = -A(\Delta\alpha_{☾} - \Delta\alpha_*) - B(\Delta\delta_{☾} - \Delta\delta_*)$$
$$- [A(\mu + L) + B(\nu + M)]\,\Delta\theta - (A\,l + B\,m)\,\Delta\pi.$$

Exprimons $\Delta\theta$ en secondes de temps et posons

$$15[A(\mu + L) + B(\nu + M)] = a,$$
$$A\,l + B\,m = b;$$

l'équation de condition devient, en y remplaçant ΔD par sa valeur,

$$\Delta r + A[\Delta\alpha_{☾} - \Delta\alpha_*] + B[\Delta\delta_{☾} - \Delta\delta_*] + a\,\Delta\theta^s + b\,\Delta\pi = D - r.$$

Remarque. — Dans un travail d'ensemble, il est important d'introduire dans cette équation, au lieu des corrections Δr, $\Delta\pi$.

variables avec le temps, les corrections constantes Δr_0, $\Delta\pi_0$ au demi-diamètre et à la parallaxe de la Lune à sa distance moyenne adoptés dans les Tables qu'on emploie. On n'a pour cela qu'à profiter des relations

$$\Delta r = \frac{\pi}{\pi_0}\Delta r_0, \qquad \Delta\pi = \frac{\pi}{\pi_0}\Delta\pi_0,$$

et à poser

$$l' = \frac{\alpha' - \alpha}{\pi_0}, \qquad m' = \frac{\delta' - \delta}{\pi_0},$$

$$A l' + B m' = b';$$

l'équation de condition est alors

$$\frac{\pi}{\pi_0}\Delta r_0 + A[\Delta\alpha_{☾} - \Delta\alpha_*] + B[\Delta\delta_{☾} - \Delta\delta_*] + a\,\Delta\theta^s + b'\,\Delta\pi_0 = D - r,$$

où $\Delta\theta$ est exprimée en secondes de temps et les autres corrections en secondes d'arc.

40. Degré de séparabilité des inconnues. — On traite habituellement par les moindres carrés les équations de condition que fournit une série d'occultations. A cet égard, il est intéressant de se rendre compte du degré de séparabilité des inconnues; pour cela il suffit d'évaluer les coefficients probables de ces dernières dans les équations normales établies par cette méthode. Nous ferons cette recherche seulement pour les inconnues Δr, $\Delta\alpha$, $\Delta\delta$, dont la séparabilité dépend presque exclusivement de la distribution des phénomènes observés suivant l'angle de position. Ainsi, nous supposerons les premiers membres des équations de condition réduits à

$$\Delta r + f\cos\delta\sin P\,\Delta\alpha + f\cos P\,\Delta\delta.$$

Parmi ces équations, considérons d'abord celles, en nombre n, relatives à des *immersions* et formons les équations normales correspondantes. Dans celles-ci les coefficients des inconnues pourront s'écrire :

	Δr.	$\Delta \alpha$.	$\Delta \delta$.
I.....	n,	$nf\cos\delta\sum\frac{\sin P}{n}$,	$nf\sum\frac{\cos P}{n}$,
II....	$nf\cos\delta\sum\frac{\sin P}{n}$,	$nf^2\cos^2\delta\sum\frac{\sin^2 P}{n}$,	$nf^2\cos\delta\sum\frac{\sin P\cos P}{n}$,
III...	$nf\sum\frac{\cos P}{n}$,	$nf^2\cos\delta\sum\frac{\sin P\cos P}{n}$,	$nf^2\sum\frac{\cos^2 P}{n}$.

Si le nombre n est assez grand, on peut admettre que les phénomènes d'occultation sont distribués autour de la Lune suivant la *loi des probabilités*. Cette loi sera évidemment telle que les *points de rencontre* d'un diamètre de la Lune et des trajectoires relatives des étoiles *soient distribués uniformément* sur ce diamètre.

Dans ces conditions, le calcul des coefficients probables ne dépend plus que des moyennes respectives des sin, des cos, de leurs carrés et de leur produit, moyennes correspondant *à un diamètre divisé en un nombre infini de parties égales* et l'angle P variant de o à π.

On a tout d'abord

$$\sum\frac{\cos P}{n}=\sum\frac{\sin P\cos P}{n}=0;$$

d'autre part, on établit aisément que, si l'on pose

$$\sum\frac{\sin P}{n}=\sin x,$$

on a

$$\cos x=\frac{\int_0^{\frac{\pi}{2}}\sin^2 P\cos P\,dP}{\int_0^{\frac{\pi}{2}}\sin^2 P\,dP}=\frac{4}{3\pi},$$

d'où

$$\sum\frac{\sin P}{n}=0,905;$$

enfin, au moyen de la formule donnant la somme des carrés des k premiers nombres entiers, on trouve

$$\sum \frac{\cos^2 P}{n} = 1 - \sum \frac{\sin^2 P}{n} = \lim \frac{1}{k} \frac{k(k+1)(2k+1)}{6k^2} \quad \text{pour} \quad k = \infty,$$

c'est-à-dire

$$\sum \frac{\cos^2 P}{n} = \frac{1}{3},$$

$$\sum \frac{\sin^2 P}{n} = \frac{2}{3}.$$

D'ailleurs les quantités f et $\cos\delta$ ont sensiblement pour valeurs moyennes

$$f = 0,985,$$

$$\cos\delta = 0,962.$$

Les premiers membres des équations normales probables relatives à n immersions se réduisent donc à

$$n \text{ imm.} \begin{cases} \text{I} \ldots\ldots & n\,\Delta r + 0,858\,n\,\Delta\alpha, \\ \text{II} \ldots\ldots & +\,0,858\,n\,\Delta r + 0,599\,n\,\Delta\alpha, \\ \text{III} \ldots\ldots & +\,0,323\,n\,\Delta\delta. \end{cases}$$

Par un raisonnement analogue on établirait pour n' émersions

$$n' \text{ ém.} \begin{cases} \text{I} \ldots\ldots & n'\,\Delta r - 0,858\,n'\,\Delta\alpha, \\ \text{II} \ldots\ldots & -\,0,858\,n'\,\Delta r + 0,599\,n'\,\Delta\alpha, \\ \text{III} \ldots\ldots & +\,0,323\,n'\,\Delta\delta. \end{cases}$$

Enfin l'ensemble de tous les phénomènes fournirait des équations normales probables ayant pour premiers membres

$$n \text{ imm. et } n' \text{ ém.} \begin{cases} \text{I} \ldots\ldots & (n + n')\,\Delta r + 0,858(n - n')\,\Delta\alpha, \\ \text{II} \ldots\ldots & +\,0,858(n - n')\,\Delta r + 0,599(n + n')\,\Delta\alpha, \\ \text{III} \ldots\ldots & +\,0,323(n + n')\,\Delta\delta. \end{cases}$$

Ces résultats montrent combien il est important, pour la séparabilité des deux inconnues Δr et $\Delta\alpha$, de disposer de phénomènes observés sur les deux bords. On remarque, en effet, que, dans les équations normales probables répondant à un seul bord (imm. ou ém.), les coefficients de ces inconnues sont dans des rapports 1,17-1,43, trop peu différents pour les équations I et II, ce qui est une mauvaise condition de séparabilité ; au contraire, ces rapports divergent rapidement à mesure que l'on fait entrer dans la discussion les phénomènes observés sur l'autre bord, et la séparabilité devient maximum lorsque $n = n'$.

Un exemple numérique mettra cela bien en relief. Considérons deux séries de vingt observations, la première ne comprenant que des immersions, la seconde composée de 10 imm. et de 10 ém. En résolvant les équations normales probables, on trouve, d'après la théorie précédente, que les inconnues se séparent avec les coefficients suivants :

20 imm.	Δr...	4,58	10 imm. et 10 ém.	Δr...	20,00
	$\Delta \alpha$...	2,74		$\Delta \alpha$...	11,98
	$\Delta \delta$...	6,46		$\Delta \delta$...	6,46

On peut donc conclure de cette étude que, si l'emploi exclusif des occultations observées sur un seul bord n'a pas d'importance au point de vue de la détermination de l'inconnue $\Delta\delta$, ce mode de combinaison des observations diminue considérablement le degré de séparabilité des inconnues Δr et $\Delta \alpha$.

Ainsi, quoique les observations faites sur le bord obscur de la Lune soient, en général, meilleures que celles faites sur le bord brillant, le rejet de ces dernières, tel que l'a fait J. Peters (*loc. cit.*, p. 20), a l'inconvénient de conduire à une certaine *indétermination numérique* du demi-diamètre et de l'ascension droite. Les coefficients de séparabilité de ces quantités étant alors faibles, il peut suffire, en effet, d'une seule observation anormale (telle, par exemple, que celle faite sur une aspérité importante de la Lune) pour modifier considérablement les résultats.

C'est pourquoi nous croyons préférable, dans une discussion

d'occultations, d'utiliser les phénomènes observés sur les deux bords, mais sous les conditions suivantes :

1° Leur donner des poids en rapport avec les erreurs que comportent les circonstances d'observation;

2° Rechercher ces erreurs;

3° En corriger les résultats.

CHAPITRE II.

COORDONNÉES SÉLÉNOGRAPHIQUES DU POINT COINCIDANT [1].

L'étude physique du bord de la Lune au moyen des occultations nécessite de toujours rapporter la position du point du disque où se produit un phénomène (immersion ou émersion) à un système de coordonnées fixe par rapport à cet astre.

Dans le but d'utiliser les Tables de Marth [2] nous avons choisi pour *plan fondamental* l'équateur lunaire et pour *origine* des longitudes la même que celle adoptée par cet astronome. Les Tables de Marth fournissent à chaque instant la longitude et la latitude sélénographiques λ, β de la *Terre*. Or, sur le globe lunaire, la position d'un point du bord défini par l'angle de position P dépend à la fois des coordonnées sélénographiques λ', β' du *lieu d'observation* et de l'angle de position $360^\circ - P_0$ du pôle de la Lune. Pour calculer ces dernières quantités il est indispensable de connaître au même instant la position de l'équateur lunaire par rapport au nôtre.

41. Position de l'équateur de la Lune. Table. — Considérons (*fig.* 2) le triangle sphérique γ☋N formé par le point γ, le nœud descendant ☋ de l'orbite lunaire (lequel, d'après l'une des lois de Cassini, coïncide avec le nœud ascendant de l'équateur lunaire), et le nœud ascendant N de l'équateur lunaire par rapport à l'équateur terrestre. Soient ω et i les inclinaisons de l'équateur ☾ sur l'écliptique et sur l'équateur, ☊ la longitude

[1] Cette dénomination est due à Airy.

[2] MARTH *Ephemeris for physical observation of the Moon* (*Monthly Notices*).

du nœud ascendant de la Lune et A l'ascension droite du point N.

Fig. 2.

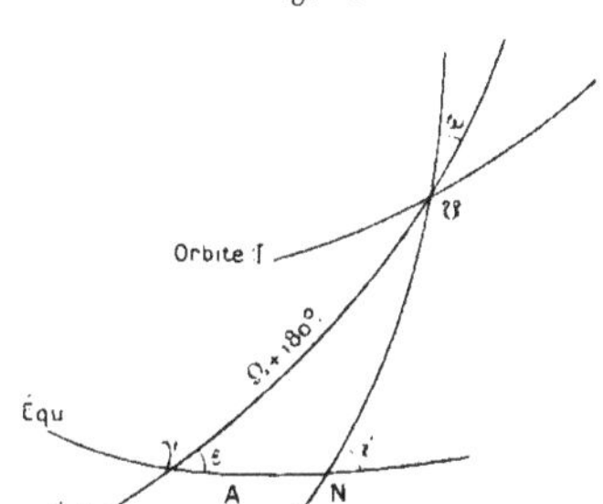

La position de l'équateur ☾ sera définie à chaque instant par les angles A et i que l'on calculera par les formules suivantes, déduites du triangle γ N ☋, en remarquant que ω est petit :

$$\operatorname{tang} A = - \frac{\operatorname{tang} \Omega \sin(\omega \cos \Omega)}{\sin(\varepsilon - \omega \cos \Omega)},$$

$$\operatorname{tang} i = + \frac{\operatorname{tang}(\varepsilon - \omega \cos \Omega)}{\cos A}.$$

Avec les valeurs numériques

$$\omega = 1°,523 \text{ (Franz)}, \qquad \varepsilon = 23°,452,$$

nous avons formé la Table suivante donnant les quantités A, tang i, en fonction de l'argument Ω, que l'on tire facilement de la *Connaissance des Temps :*

Ω.	A.	log tang i.	Ω.
0	∓ 0,00	+ 9,605	360
10	∓ 0,71	+ 605	350
20	∓ 1,39	+ 607	340
30	∓ 2,03	+ 610	330
40	∓ 2,58	+ 613	320
50	∓ 3,06	+ 617	310
60	∓ 3,42	+ 622	300
70	∓ 3,68	+ 627	290
80	∓ 3,81	+ 633	280
90	∓ 3,82	+ 638	270

☊.	A.	log tang i.	☊.
90	$\mp$ 3,82	+ 638	270
100	$\mp$ 3,73	+ 644	260
110	$\mp$ 3,52	+ 649	250
120	$\mp$ 3,22	+ 654	240
130	$\mp$ 2,81	+ 658	230
140	$\mp$ 2,35	+ 661	220
150	$\mp$ 1,82	+ 664	210
160	$\mp$ 1,24	+ 666	200
170	$\mp$ 0,63	+ 668	190
180	$\mp$ 0,00	+ 9,668	180

Argum ☊ à gauche............ A −
Argum ☊ à droite............ A +

42. Longitude et latitude sélénographiques λ', β' du lieu d'observation. — Marquons, sur une sphère (*fig.* 3) ayant pour centre la Terre et ρ pour rayon, les points P pôle, P′ pôle de la

Fig. 3.

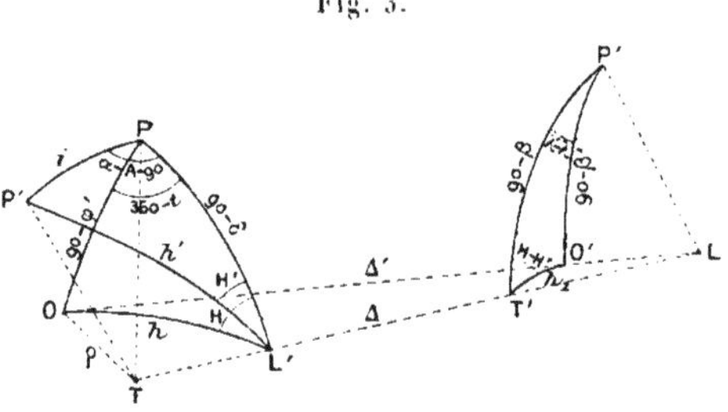

Lune, O lieu d'observation et L′ Lune, et sur la sphère lunaire marquons les points P′ pôle de la Lune, O′ lieu d'observation et T′ Terre.

Considérons le triangle sphérique P P′ L′ et posons

$$\text{tang } N = \text{tang } i \sin(\alpha - A);$$

on pourra calculer l'angle H′ par

$$\text{tang } H' = \frac{\sin N \cot(\alpha - A)}{\cos(\delta - N)}.$$

D'autre part si l'on pose

$$\rho \sin \varphi' = \frac{1}{n'} \sin N'$$

$$\rho \cos \varphi' \cos t = \frac{1}{n'} \cos N',$$

le triangle sphérique POL' donne

$$\begin{aligned} n'\rho \sin h \cos H &= \sin(N' - \delta) \\ n'\rho \sin h \sin H &= -\cos N' \operatorname{tang} t \\ n'\rho \cos h &= \cos(N' - \delta), \end{aligned}$$

formules qui permettront de calculer H et $\rho \sin h$.

Or l'angle h_1 sous lequel on voit de la Lune le rayon TO est évidemment fourni par

$$\sin h_1 = \sin h \frac{\rho}{\Delta'} = \sin h \frac{\rho}{f} \sin \pi,$$

c'est-à-dire

$$h_1 = \pi \frac{\rho \sin h}{f},$$

et le triangle sphérique P'O'T' donne, à cause de la petitesse de h_1,

$$\begin{aligned} \beta' - \beta &= h_1 \cos(H - H') \\ (\lambda' - \lambda) \cos \beta &= h_1 \sin(H - H'), \end{aligned}$$

d'où

$$\beta' = \beta + \frac{\pi}{f} \rho \sin h \cos(H - H')$$

$$\lambda' = \lambda + \frac{\pi}{f \cos \beta} \rho \sin h \sin(H - H').$$

13. Angle de position $360° - P_0$ **du pôle de l'équateur lunaire.** — Nous considérerons sur la sphère (*fig.* 4) ayant le lieu d'observation pour centre, le triangle PP'L'' analogue au triangle PP'L' précédemment envisagé. Dans les formules relatives à ce dernier triangle, il n'y a qu'à remplacer les coordonnées géocentriques α, δ de la Lune par ses coordonnées apparentes α', δ' pour obtenir les formules relatives au triangle $PP'L''$. Donc si l'on pose

$$\tang N_0 = \tang i \sin(\alpha' - A)$$

on aura immédiatement l'angle P_0 cherché par la formule

$$\tang P_0 = \frac{\sin N_0 \cot(\alpha' - A)}{\cos(\delta' - N_0)}.$$

44. Coordonnées sélénographiques λ_*, β_* d'un point du bord apparent de la Lune ayant pour angle de position P. — Enfin, sur la sphère ayant pour centre la Lune, le triangle (*fig.* 5)

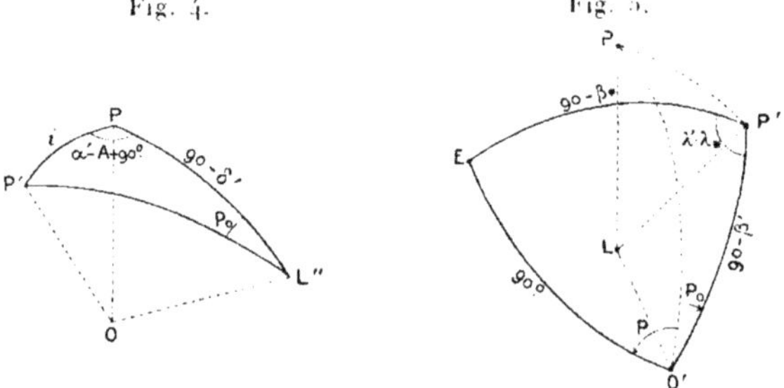

dont les sommets sont le pôle lunaire P′, le pôle P et le point E du disque où se produit un phénomène d'occultation fournit les relations suivantes

$$\begin{aligned}
\cos\beta_* \cos(\lambda' - \lambda_*) &= -\sin\beta' \cos(P + P_0),\\
\cos\beta_* \sin(\lambda' - \lambda_*) &= +\sin(P + P_0),\\
\sin\beta_* \quad &= +\cos\beta' \cos(P + P_0),
\end{aligned}$$

qui permettent de calculer les quantités λ_*, β_*.

CHAPITRE III.

DISCUSSION DE TROIS OCCULTATIONS DES PLÉIADES.

45. **Autorités; données.** — Depuis quelques années M. Ch. André a institué à Lyon l'observation régulière des phénomènes d'occultation toutes les fois que notre satellite passe à travers un amas d'étoiles. Les plus importantes séries obtenues jusqu'ici sont celles, relatives aux Pléiades, des 23 juillet et 13 octobre 1897 et du 3 janvier 1898 (¹).

Quoique nous ayons déjà publié (²) les résultats des deux premières, il nous a paru nécessaire, pour l'unité du travail actuel, de reprendre cette discussion. En effet, les positions d'étoiles provisoirement adoptées à cette époque doivent être actuellement remplacées par celles déduites de notre Catalogue des Pléiades; d'ailleurs, d'après une remarque antérieure, nous n'accorderons plus dans une même série des poids égaux aux observations faites sur chaque bord.

La troisième série comprend les occultations observées le 3 janvier 1898 à

G_0. — Göttingen, par MM. Ambronn.
G_r. — Greenwich, » Dyson, Bowyer, Edney, Hollis, Skells, Cowell et Witchell.
H. — Heidelberg, » Valentiner et Ristenpart.
I_1. Iéna, » Knopf.
I_2. Iéna, » Winkler.
L_e. — Leipzig, » Hayn.
L_y. — Lyon, » Le Cadet et Guillaume.
N. — Nice, » Javelle.
O. — Oxford, » Wickham et Robinson.
P. Paris, » Bigourdan.
V. — Vienne, » Sterneck.

(¹) *Comptes rendus*, t. CXXV, p. 289 et 635.

(²) Ph. Lagrula, *Sur l'occultation des Pléiades du 23 juillet* 1897 (*Bulletin astronomique*, t. XIV, p. 466). — *Sur deux occultations des Pléiades par la Lune* (*Comptes rendus*, t. CXXV, p. 851).

Ces observations ont été publiées en 1898, soit dans les *Comptes rendus de l'Académie des Sciences*, les *Astronomische Nachrichten* ou les *Monthly Notices*. Nous leur avons ajouté sept observations qui, ayant paru légèrement douteuses, n'avaient pas été publiées (Lyon, 14 octobre 1897), mais dont les résultats ont été jugés satisfaisants; au contraire, six observations manifestement mauvaises ont été rejetées (série du 3 janvier 1898). Notre discussion porte donc sur 170 occultations ainsi réparties :

21 *immersions* sur le bord *brillant* de la Lune	.....	(IB)	}	1re et 2e séries
44 *émersions* » *obscur* »	.....	(EO)	}	
82 *immersions* » *obscur* »	.....	(IO)	}	3e série
23 *émersions* » *brillant* »	.....	(EB)	}	

A cet effet voici les données que nous avons employées :

46. Temps adoptés. — Certains phénomènes ayant parfois été observés en double dans le même lieu, il nous a paru rationnel d'adopter le temps noté le plus tard à l'immersion et le plus tôt à l'émersion. Pourtant, dans la série du 23 juillet, réduite antérieurement, nous avons adopté la moyenne des deux temps d'observation lorsque leur différence n'excédait pas $0^s,6$. Cela n'influe d'ailleurs pas sensiblement sur les résultats, mais nous avons pensé qu'il y aurait plus d'uniformité à suivre rigoureusement dans ce choix la règle énoncée plus haut : c'est ce que nous avons fait pour les deux autres séries. Ces temps adoptés sont inscrits en temps moyen de Paris aux Tableaux (p. 110 et suiv.).

47. Coordonnées géographiques des différents lieux d'observation. — Ces données figurent dans le Tableau suivant, avec les quantités $\log \rho \cos \varphi'$, $\log \rho \sin \varphi'$ calculées au moyen des formules

$$\rho \cos \varphi' = \frac{\cos \varphi}{\sqrt{1 - e^2 \sin^2 \varphi}} + \frac{h}{a} \cos \varphi, \qquad \text{Aplatissement} = \frac{1}{292} \text{ (Faye).}$$

$$\rho \sin \varphi' = \frac{(1 - e^2) \sin \varphi}{\sqrt{1 - e^2 \sin^2 \varphi}} + \frac{h}{a} \sin \varphi. \qquad \log a = 6.8047.$$

qui tiennent compte de la hauteur h au-dessus du niveau de la mer.

Lieu d'observation.	Longitude Paris.	φ.	h.	$\log \rho\cos\varphi'$.	$\log \rho \sin\varphi'$.	Autorités.
	h m s	° ′ ″	m			
Göttingen	0,30,25,4 E	51.31,47,9	162	9.794787	9.891668	M. Schur (lettre)
Greenwich......	0, 9,20,9 O	51.28,38,1	47	9.795281	9.891341	*Conn. des Temps*
Heidelberg......	0,25,27,5 E	49.24.35	»	9,814273	9,878321	*Berliner Jahrbuch*
Iéna$_1$...........	0.36,59,3 E	50.55.34,9	164	9,800468	9,887978	M. Knopf (lettre)
Iéna$_2$...	0.37, 1,1 E	50.56,15,7	174	9,800362	9,888049	*Astr. Nachr.*, n° 3544
Leipzig.........	0.40.13,0 E	51.20, 5,9	127	9.796633	9.890482	*Astr. Nachr.*, n° 3544
Lyon (équat.)..	0. 9,47,6 E	45.41,38,2	299	9.844945	9.852485	M. Gonnessiat
Nice...........	0,19.51,2 E	43.43,16,9	378	9,859701	9.837330	*Conn. des Temps*
Oxford (Radcl.).	0.14,23,6 O	51.45,36,0	64	9,792582	9,893047	*Berliner Jahrbuch*
Paris..........	0. 0, 0.0	48.50.11,2	59	9.819212	9.874566	*Conn. des Temps*
Vienne.........	0.56, 5,5 E	48.12,40,0	208	9.824568	9.870370	M. Sterneck (lettre)

48. **Coordonnées géocentriques, parallaxe et demi-diamètre de la Lune employés.** — Aux positions géocentriques α, δ de la Lune interpolées dans la *Connaissance des Temps* nous avons appliqué les corrections empiriques de Newcomb. La parallaxe et le demi-diamètre ont été tirés des mêmes éphémérides, mais nous leur avons fait subir les corrections convenables pour les ramener à correspondre aux constantes

Parallaxe à la distance moyenne..	$\pi_0 = 57'.\ 2'',7$ (Newcomb),
Demi-diamètre.................	$r_0 = 15'.32'',59$ (Peters),

que nous avons adoptées et dont nous chercherons les corrections $\Delta\pi_0$, Δr_0.

49. **Positions des étoiles occultées.** — La position moyenne et la grandeur des étoiles occultées ont été extraites de notre *Catalogue des Pléiades*. La *Connaissance des Temps* publiant les réductions au jour pour un certain nombre d'entre elles, le calcul des positions apparentes a été simplifié en étendant par interpolation ces réductions aux autres. Voici ces données :

Séries du 23 juillet et du 13 octobre 1897.

★	α 1897.0.	Réd. au 23 juill.	α app. 23 juil.	Réd. au 13 oct.	α app. 13 oct.	δ 1897.0.	Réd. au 23 juil.	δ app. 23 juil.	Réd. au 13 oct.	δ app. 13 oct.
	s	s	3h. m s			"	"	+23° ' "	"	"
16 *g*.....	40,75	+2,32	38.43,07	+4,83	45,58	55,4	+10,7	58. 6,1	+19,4	14,8
17 *b*.....	45,47	33	47,80	82	50,29	21,9	10,7	47.32,6	19,4	41,3
W 72....	59,08	33	39. 1,41	83	3,91	24,7	10,7	56.35,4	19,4	44,1
A 1......	19,17	32	21,49	82	23,99	44,6	10,8	42.55,4	19,4	4,0
A 4......	30,06	32	32,38	82	34,88	47,6	10,6	60.58,2	19,3	6,9
A 6......	33,77	32	36,09	"	"	59,1	10,7	58. 9,8	"	"
20 *c*.....	41,81	33	44,14	82	46,63	44,9	10,6	62.55,5	19,2	4,1
A 7......	44,59	31	46,90	81	49,40	0,8	10,8	43.11,6	19,3	20,1
A 8......	6,30	32	40. 8,62	81	11,11	28,3	10,7	52.39,0	19,2	47,5
A 9......	8,56	32	10,88	81	13,37	7,3	10,7	52.18,0	19,2	26,5
23 *d*.....	12,67	31	14,98	81	17,48	38,5	10,8	37.49,3	19,3	57,8
A 10.....	19,63	32	21,95	82	24,45	3,3	10,6	56.13,9	19,2	22,5
A 11.....	32,01	32	34,33	"	"	58,8	10,7	47. 9,5	"	"
A 15.....	9,09	32	41.11,41	81	13,90	33,6	10,7	48.44,3	19,2	52,8
A 18.....	11,86	32	14,18	81	16,67	12,6	10,7	49.23,3	19,2	31,8
24 *p*. ...	13,59	32	15,91	81	18,40	52,2	10,7	48. 2,9	19,2	11,4
A 24.....	21,59	32	23,91	82	26,41	11,4	10,6	58.22,0	19,1	30,5
τ........	21,64	31	23,95	81	26,45	11,6	10,7	47.22,3	19,2	30,8
A 27.....	5,51	32	42. 7,83	82	10,33	5,1	10,5	60.15,6	19,0	24,1
A 29.....	21,94	32	24,26	82	26,76	44,4	10,5	61.54,9	19,0	3,4
28 *h*.....	3,44	"	"	82	8,26	18,5	"	"	19,0	37,5
A 31.....	8,39	31	43.10,70	83	13,22	52,8	10,6	65. 3,4	18,9	11,7
A 32.....	13,37	31	15,68	83	18,20	58,7	10,5	64. 9,2	18,9	17,6
A 33.....	17,89	31	20,20	83	22,72	59,5	10,6	56.10,1	18,9	18,4
A 37.....	48,21	31	50,52	84	53,05	7,9	10,5	62.18,4	18,8	26,7
A 39.....	19,24	+2,32	44.21,56	+4,85	24,09	56,6	+10,4	71. 7,0	+18,8	15,4

Série du 3 janvier 1898.

★	α 1898.0.	Réd. au 3 janvier.	α app. 3 janvier.	δ 1898.0	Réd. au 3 janvier.	δ app. 3 janvier.
	s	s	h m s		"	° ' "
16 *g*....	44,31	+2,08	3.38.46,39	7,0	+11,2	+23.58.18,2
17 *b*....	44,03	08	51,11	33,5	11,2	47.44,7
W 72...	2,63	08	39. 4,71	35,8	11,2	56.47,0
A 1.....	22,73	08	24,81	55,8	11,2	43. 7,0
A 4.....	33,62	09	35,71	58,9	11,2	1.10.1
20 *c*....	45,37	09	47,46	56,2	11,2	3. 7,4
A 7.....	48,14	08	50,22	12,2	11,2	43.23,4
A 8.....	9,86	09	40.11,95	39,3	11,2	52.50,5
A 9.....	12,11	09	14,20	18,8	11,2	52.30,0
23 *d*...	16,22	08	18,30	50,0	11,1	38. 1,1
A 10....	23,19	09	25,28	14,7	11,1	56.25,8

Série du 3 janvier 1898 (suite).

★	α 1898.0.	Réd. au 3 janvier.	α app. 2 janvier.	δ 1898.0	Réd. au 3 janvier.	δ app. 3 janvier.
	s	s	h m s	"	"	° ′ ″
A 11....	35,56	09	3.40.37,65	10,2	11,1	47.21,3
A 13....	0,64	09	41. 2,73	44,2	11,1	40.55,3
A 15....	12,65	09	14,74	45,0	11,1	48.56,1
A 18 ...	15,42	09	17,51	23,9	11,1	49.35,0
24 *p* ...	17,15	09	19.24	3,6	11,1	48.14,7
A 24....	25,15	09	27.24	22,7	11,1	58.33,8
η.......	25,20	09	27,29	22,9	11,0	47 33.9
A 27....	9,08	10	42.11.18	16,4	11,0	60.27,4
A 29 ...	25,50	10	27,60	55,7	11,0	62. 6,7
27 *f*....	5,74	10	43. 7,84	29,2	11,0	44.40,2
28 *h*....	7,00	11	9,11	29,7	11,0	49.40,7
A 32....	16,93	11	19.04	9,8	11,0	64.20,8
A 33....	21,45	10	23,55	10,7	10,9	56.21,6
A 37....	51,75	+2,11	3.43.53,86	19,1	−10.9	+23.62.30,0

50. **Équations de condition.** — Nous avons appliqué aux observations énumérées la méthode de réduction exposée (Chap. I, IIIe Partie). Cette méthode ne diffère de celles couramment suivies que par certaines modifications de détail provenant de l'introduction du terme en $\Delta\theta$ dont, excepté à Greenwich pour les occultations isolées (1), on ne calcule ordinairement pas le coefficient.

Dans les Tableaux suivants nous donnons, pour chacune de nos trois séries, les équations de condition classées suivant l'angle de position (indiqué au $\frac{1}{10}$ de degré près).

(1) *Greenwich Observations.*

ÉQUATIONS DE CONDITION.

★	g.	Ph.	T. moy. de Paris.	A. de posit. P.	Équations de condition.						Rés. ε	Point coïncidant. λ_*	β_*	Lieu.
					Série I, 23 juillet 1897.									
20 c....	4,2	IB	12.57.49,0	17,9	$\overset{0,}{+950}\,\Delta r_0$	$\overset{0,}{+275}\,\Delta\alpha$	$\overset{0,}{+950}\,\Delta\delta$	$\overset{0,}{+308}\,\Delta\theta$	$\overset{0,}{-412}\,\Delta\pi_0$	+1,24	−1,2	− 80,2	+ 57,9	Ly
16 g....	5,8	»	12.29.30,2	20,2	»	+310	+938	+329	−413	+1,80	−0,8	− 80,9	+ 55,5	»
A 4....	7,5	»	12.49.27,4	24,3	»	+371	+910	+356	−327	+2,07	+0,8	− 82,1	+ 51,4	»
17 b....	4,0	»	12.15.11,5	67,6	»	+839	+387	+548	+363	+3,51	+0,7	+ 88,3	+ 8,6	»
A 24....	7,2	»	13.24.55,6	69,9	»	+853	+346	+510	+412	+3,29	−1,0	− 88,5	+ 6,3	»
A 29....	7,2	»	13.53. 6,6	74,3	»	+874	+274	+488	+475	+5,15	+0,9	+ 89,0	+ 2,0	»
A 27....	8,5	»	13.44.57,3	75,5	»	+880	+253	+494	+492	+4,24	+0,0	− 89,1	+ 0,7	»
A 39....	7,8	»	14.52.52,1	75,9	»	+880	+246	+446	+469	+3,96	−0,3	− 89,2	+ 0,6	»
A 31....	7,8	»	14.15.55,2	76,6	»	+884	+235	+472	+499	+4,69	+0,4	− 89,2	− 0,3	»
A 32....	7,0	»	14.17.52,4	81,3	»	+898	+156	+465	+553	+5,77	+1,5	− 89,7	− 4,9	»
A 37....	7,8	»	14.35.57,7	99,5	»	+897	−160	+402	+711	+2,93	+1,3	− 91,6	− 23,0	»
t_1.......	3,2	»	13.25.39,7	113,7	»	+835	−396	+375	+856	+3,85	+0,4	− 93,4	− 37,3	»
A 33....	8,3	»	14.23.12,0	116,0	»	+820	−431	+327	+817	+5,24	+1,9	− 93,9	− 39,4	»
23 d....	4,5	»	13. 3.13,8	143,1	»	+551	−793	+170	+910	+1,00	−0,8	−102,0	− 66,4	»
23 d....	4,5	EO	13.21.22,2	180,1	»	+003	−995	−165	+618	+0,15	+0,9	112,4	− 75,0	»
A 33....	8,3	»	15. 8, 1,4	203,3	»	−356	−912	−305	+223	+2,26	−0,1	98,3	− 52,8	»
t_1.......	3,2	»	14. 9.25,3	207,7	»	−420	−881	−354	+197	−1,99	+0,4	97,2	− 48,3	»
24 p....	6,7	»	14. 8.22,4	213,8	»	−503	−828	−386	+107	−3,77	−1,1	+ 96,0	− 42,3	»
A 15....	9,0	»	14. 8,15,6	218,5	»	−563	−780	−408	+037	−3,35	−0,4	+ 95,2	− 37,6	»
A 37....	7,8	»	15.33,41,1	219,5	»	−575	−766	−372	+008	−3,39	−0,5	+ 95,0	− 36,9	»
A 18....	8,6	»	14.10.25,8	220,4	»	−586	−760	−412	+009	−3,70	−0,7	+ 94,9	− 35,8	»
A 7....	8,1	»	13.29. 2,8	223,5	»	−623	−725	−449	−014	−3,24	−0,1	+ 94,5	− 32,6	»
A 11....	9,6	»	13.52.18,8	224,5	»	−635	−713	−440	−045	−3,29	−0,1	+ 94,3	− 31,6	»
A 1....	8,3	»	13.19.33,6	230,3	»	−698	−640	−479	−114	−2,35	+1,0	+ 93,6	− 25,8	»

ÉQUATIONS DE CONDITION.

★	g.	Ph.	T. moy. de Paris.	A. de posit. P.	Équations de condition.						Rés. ε	Point coïncidant λ_*	β_*	Lieu.
							Série I, 23 juillet 1897 (suite).							
					$0,950\,\Delta r_0$	$-0,771\,\Delta\alpha$	$-0,525\,\Delta\delta$	$-0,425\,\Delta\theta$	$-0,237\,\Delta\pi_0$	=				
A 32....	7,0	»	13.21.55,1	238,2	+950	−771	−525	−425	−237	2,67	+0,8	92,4	18,2	Ly
A 31....	7,8	»	13.20.37,4	243,0	»	808	−454	−429	−296	3,32	0,3	92,1	13,4	»
A 27....	8,5	»	14.46.55,6	245,1	»	823	−422	−453	−342	2,70	0,9	91,9	11,3	»
A 9.....	8,3	»	13.48.35,5	251,0	»	859	−329	492	−432	4,02	−0,3	91,4	5,3	»
A 24....	7,2	»	14.25.18,2	251,5	»	−861	−320	470	432	4,07	−0,4	+ 91,3	4,5	»
A 8.....	7,8	»	13.47.48,4	252,8	»	−868	−298	−492	−457	4,45	−0,8	+ 91,2	3,4	»
16 *g*....	5,8	»	13. 9.59,0	257,2	»	−887	225	516	−508	4,92	−1,2	90,8	1,0	»
A 10....	7,5	»	13.55.28,2	262,2	»	−901	−149	480	572	3,93	0,3	90,3	5,9	»
A 6.....	9,7	»	13.32.36,0	284,3	»	883	+241	446	793	2,54	0,6	+ 87,9	27,9	»
W 72....	9,0	»	13.15.27,7	289,3	»	861	324	−408	834	2,06	0,9	87,2	32,9	»
A 4.....	7,5	»	13.27.54,0	299,2	»	−796	481	−339	878	1,22	+1,3	85,6	42,8	»
20 *c*....	4,2	»	13.31.40,1	305,4	+950	−744	572	−294	893	−2,74	−0,5	+ 84,4	48,9	»
							Série II, 13 octobre 1897.							
16 *g*....	5,8	IB	12.25. 8,8	12,6	948	197	963	188	−304	= 4,89	2,8	− 78,7	62,8	»
20 *c*....	4,2	»	13. 6.47,0	13,1	»	205	960	176	312	1,63	0,5	− 78,9	62,4	»
17 *b*....	4,0	»	11.59.35,3	60,6	»	+787	484	356	093	3,22	1,0	87,9	15,3	»
A 24....	7,2	»	13.44.50,7	66,6	»	+826	392	326	100	6,20	1,9	− 88,8	9,6	»
24 *p*....	6,7	»	13.36.48,1	103,6	»	876	−232	285	144	3,68	0,2	− 92,6	27,4	»
η......	3,2	»	13.43.43,9	109,0	»	852	321	267	+155	3,05	0,6	− 93,3	− 32,7	»
28 *h*....	5,4	»	15. 3.51,3	130,9	»	681	−645	+195	100	0,49	2,1	− 97,8	54,2	»
23 *d*....	4,5	EO	13.46.40,6	189,7	»	153	971	148	337	−1,28	0,5	−102,7	− 65,8	»
28 *h* ...	4,5	»	15.56.55,4	206,1	»	−396	−886	200	481	2,62	0,0	96,4	− 50,0	»

ÉQUATIONS DE CONDITION.

Série II, 13 *octobre* 1897 (suite).

★	g.	Ph.	T. moy. de Paris.	A. de posit. P.	Équations de condition.						Rés. ε.	Point coïncidant. λ*	Point coïncidant. β*	Lieu.
					0,	0,	0,	0,	0,					
ι.......	3,2	EO	14.56.49,8	220,2	+948 Δr_0	−582 $\Delta\alpha$	−753 $\Delta\delta$	−264 $\Delta\theta$	+374 $\Delta\pi_0$	= −3,95	+0,6	+94°,1	35°,9	Ly
24 *p*....	6,7	»	14.54. 8,1	225,1	»	638	−696	−280	+358	−4,16	0,6	+93,4	−31,0	»
A. 7...	8,1	»	13.53.12,6	227,9	»	−669	+660	297	+220	−2,77	+0,9	+93,2	28,1	»
A. 18...	8,6	»	14.56.13,8	231,3	»	−704	+616	−297	+345	2,87	+0,9	+92,6	24,8	»
A. 1...	8,3	»	13.38.16,8	233,9	»	−728	−581	312	+158	3,66	+0,2	+92,6	−22,1	»
A. 33...	8,3	»	16.23.16,8	236,6	»	753	−543	−318	+535	1,95	+2,0	+91,7	19,7	»
A. 9...	8,3	»	14.20.36,1	256,6	»	−876	−228	326	+137	−5,20	−1,0	+90,1	+0,4	»
A. 37...	7,8	»	16.48. 7,1	257,2	»	−880	−219	−357	+515	5,96	−1,8	+89,6	+0,7	»
A. 8...	7,8	»	14.19.20,0	258,4	»	−882	−199	−327	+124	−5,09	0,9	+89,9	+2,2	»
17 *b*.....	4,0	»	13.22 38,2	260,2	»	888	−168	−330	−042	+5,34	−1,2	+89,9	+4,1	»
A. 27...	8,5	»	15.42.22,3	263,4	»	−895	+114	−337	+321	+3,90	0,2	+89,2	+7,0	»
A. 24..	7,2	»	15.12.33,0	263,9	»	−896	−104	−328	+238	+3,84	+0,3	89,2	+7,6	»
A. 29...	7,2	»	15.53.32,1	267,1	»	−900	+050	−336	326	4,32	−0,2	+88,7	+10,6	»
A. 32...	7,0	»	16.27. 8,8	268,4	»	−901	044	−348	+405	+4,44	−0,4	+88,5	+11,9	»
A. 10...	7,6	»	14.29.41,0	268,8	»	−901	+020	−318	+092	−4,23	0,2	+88,9	+12,6	»
A. 31...	7,8	»	16.24. 2,7	272,4	»	−901	+042	−344	+363	−1,92	+2,0	+88,2	+15,9	»
A. 39...	7,8	»	17. 6.16,7	288,7	»	−855	+316	−332	+309	−3,11	+0,3	+86,1	+31,9	»
W. 72...	9,0	»	13.29.29,0	292,8	»	+831	+382	+252	−212	+1,58	+1,7	+86,2	+36,5	»
16 *g*....	5,8	»	13. 9.52,5	309,2	»	−699	+623	−180	−330	−2,99	−0,6	+83,1	+52,7	»
20 *c*.....	4,2	»	13.51.25,8	311,6	+948	−673	+655	−174	−247	= −3,97	−1,7	+82,2	+55,1	»

ÉQUATIONS DE CONDITION.

Série III, 3 janvier 1898.

—	★	g.	Ph.	T. moy. de Paris.	A. de posit. P.	Équations de condition. 0,	0,	0,	0,	0,		Res. ε	Point coïncidant. λ_*	β_*	Lieu.
	20 c....	4,2	10	8.47.37,1	344,3	+948 Δr_0	−243 $\Delta \alpha_0$	+949 $\Delta\delta$	−002 $\Delta\theta$	−376 $\Delta\pi_0$	= +0″,30	+0,3	+ 19″,3	+ 84″,3	P
	20 c....	4,2	»	8.47.41,4	359,7	»	−005	+986	+079	−403	+2,31	+0,8	— 66,5	+ 75,3	H
	16 g....	5,8	»	7.52.45,0	1,2	»	+019	+986	+111	−397	+2,32	+0,7	— 68,4	+ 73,8	P
	20 c....	4,2	»	8.22.50,3	22,0	»	+337	+914	+205	−306	+3,99	+0,5	— 80,1	+ 53,6	Ly
	16 g....	5,8	»	7.38. 9,7	24,4	»	+372	+897	+228	−255	+3,31	+0,4	— 80,6	+ 51,2	»
	A. 4....	7,5	»	8. 9.59,8	28,2	»	+427	+869	+234	−271	+2,92	+1,1	— 81,5	+ 47,4	»
	16 g....	5,8	»	7.34.22,0	35,8	»	+527	+800	+267	−174	+3,39	+1,1	— 82,8	+ 39,8	N
	A. 10...	7,6	»	8.28.43,2	36,6	»	+537	+793	+278	−304	+3,92	−0,6	— 83,0	+ 39,2	O
	W. 72...	9,0	»	7.41.27,8	38,3	»	+558	+774	+279	−184	+3,84	−0,8	— 83,2	+ 37,4	Ly
	A. 10...	7,6	»	8.29.29,5	38,6	»	+562	+771	+282	−300	+7,45	+2,8	— 83,5	+ 37,2	Gr
	A. 4...	7,5	»	8. 7.31,4	39,1	»	+569	+764	+269	−210	+2,89	−1,8	— 83,4	+ 36,6	N
	A. 29...	7,2	»	9.47.35,7	45,2	»	+640	+695	+291	−398	+4,66	−0,4	— 84,6	+ 30,8	Gr
	17 b....	4,0	»	7.21.56,7	45,2	»	+641	+695	+326	−154	+3,05	−2,0	— 84,2	+ 30,5	O
	A. 32...	7,0	»	10.20.58,6	45,9	»	+647	+685	+294	−457	+4,28	−0,8	— 84,8	+ 30,1	Gr
	A. 24...	7,2	»	9. 6.42,8	46,3	»	+652	+682	+300	−318	+4,75	0,4	— 84,6	+ 29,6	»
	17 b....	4,0	»	7.22.29,4	47,3	»	+664	+670	+329	−140	+5,09	−0,1	— 84,3	+ 28,4	»
	A. 8...	7,8	»	8.13.20,2	48,1	»	+671	+658	+318	−207	+4,79	+0,4	— 84,6	+ 27,7	O
	A. 27...	8,5	»	9.34.50,5	48,6	»	+676	+652	+303	−359	+4,96	+0,3	— 85,0	+ 27,3	Gr
	A. 10...	7,6	»	8.26.50,5	50,1	»	+692	+632	+309	−213	+4,83	−0,5	— 84,9	+ 25,8	P
	A. 9...	8,3	»	8.13.49,7	50,1	»	+692	+632	+323	−187	+5,10	+0,2	— 84,9	+ 25,7	O
	A. 9...	8,3	»	8.14.53,9	52,1	»	+713	+605	+327	−187	+5,23	−0,2	— 85,1	+ 23,7	Gr
	17 b....	4,0	»	7.34.27,6	56,7	»	+755	+541	+333	−156	+5,70	+0,1	— 85,6	+ 19,0	Go
	A. 24...	7,2	»	9. 6.10,3	56,9	»	+755	+538	+317	−259	+5,26	−0,3	— 85,8	+ 19,0	P
x	17 b....	4,0	»	7.19.33,4	57,4	»	+760	+532	+342	−033	+5,70	+0,1	— 85,5	+ 18,3	P
	17 b....	4,0	»	7.37.34,1	59,3	»	+776	+504	+336	−163	+6,47	+0,8	— 85,9	+ 16,5	Le
	17 b....	4,0	»	7.35.49,1	59,9	»	+782	+494	+336	−144	+6,36	+0,7	— 85,9	+ 15,9	L_2
	17 b....	4,0	»	7.35.48,5	59,9	»	+782	+494	+336	−143	+6,07	+0,4	— 85,9	+ 15,8	L_1

ÉQUATIONS DE CONDITION.

Série III, 3 *janvier* 1898 (suite).

☆	g	Ph.	T. moy. de Paris.	A. de posit. P.	Équations de condition.						Rés. ε.	Point coïncidant. λ_*	Point coïncidant. β_*	Lieu.
					o,	o,	o,	o,	o,					
17 *b*	4,0	10	7.29.15,9	62,1	+948 Δr_0	+798 $\Delta\alpha$	+461 $\Delta\delta$	+339 $\Delta\theta$	−075 $\Delta\pi_0$	+ 7,04″	+ 1,3	— 86°,1	+ 13°,7	H
A. 10 ...	7,6	»	8.25.42,2	62,4	»	+798	+456	+321	−134	+5,96	+0,2	— 86,2	+ 13.4	Ly
A. 32 ...	7,0	»	10.24.52,6	67,3	»	+832	+381	+328	−414	+6,01	+0,1	— 87,1	+ 8,9	»
A. 29 ...	7,2	»	9.49.51,3	67,4	»	+832	+379	+322	−324	+6,24	+0,4	— 87.0	+ 8.7	»
A. 24 ...	7,2	»	9. 7.18,8	68,8	»	+840	+356	+323	−207	+6,37	+0,5	— 87.0	+ 7.2	»
17 *b*	4,0	»	7.17.37,8	68,9	»	+841	+355	+342	+071	+6,15	+0,3	— 86,6	+ 6.9	»
A. 27 ...	8,5	»	9.37.33,0	70,6	»	+849	+327	+326	−278	+6,57	+0,7	— 87,3	+ 5,5	»
A. 1 ...	8,3	»	7.33.23,9	72,0	»	+859	+305	+361	+062	+6,33	+0,4	— 87,0	+ 3,9	O
A. 8 ...	7,8	»	8.13.10,3	72,3	»	+859	+299	+329	−045	+6,94	+1,0	— 87,1	+ 3,6	Ly
A. 1 ...	8,3	»	7.34.44,3	74,0	»	+869	+272	+359	+068	+6,61	+0,7	— 87,2	+ 1,9	Gr
A. 9 ...	8,3	»	8.14.22,0	74,1	»	+867	+270	+329	−036	+6,38	+0,4	— 87.3	+ 1.8	Ly
A. 7 ...	8,1	»	7.48.53,2	78,3	»	+885	+200	+342	+082	+4,31	−1,6	— 87,6	— 2,3	O
A. 18 ...	8,6	»	8.48.49,5	78,4	»	+883	+198	+343	−069	+6,37	+0,4	— 87.8	— 2,4	Gr
A. 33 ...	8,3	»	10.12.39,9	78,5	»	+883	+198	+346	−273	+6,27	+0,3	— 88.1	— 2,3	»
A. 37 ...	7,8	»	10.45.20,8	79,2	»	+885	+185	+342	−410	+6,42	+0,5	— 88.3	— 2.9	Ly
A. 7 ...	8,1	»	7.50.30,6	79,7	»	+889	+176	+351	+080	+5,58	−0,4	— 87,8	— 3,8	Gr
A. 15 ...	9,0	»	8.46.43,9	80,2	»	+889	+168	+343	−051	+5,96	+0,0	— 88,0	— 4,2	»
24 *p*	6,7	»	8.47.18,8	82,2	»	+893	+134	+344	−025	+7,05	+1,1	— 88,2	— 6,2	O
A. 1	8,3	»	7.35.29,2	83,6	»	+897	+109	+342	+138	+5,84	−0,1	— 88,1	— 7,7	P
24 *p*	6,7	»	8.49.21,4	83,9	»	+897	+105	+341	−029	+6,32	+0,4	— 88.4	— 7,9	Gr
τ_4	3,2	»	8.52.19,8	86,5	»	+902	+060	+339	−005	+7,72	+1,8	— 88,6	— 10,4	O
A. 11 ...	9,6	»	8.24.50,8	87,1	»	+902	+050	+329	+037	+6,08	+0,2	— 88,6	— 11,1	P
τ_4	3,2	»	8.54.32,1	88,4	»	+902	+027	+336	−008	+5,83	−0,0	— 88,8	— 12,4	Gr
τ_4	3,2	»	9.11.45,5	92,5	»	+902	−042	+335	−122	+4,71	−1,1	— 89,4	— 16.4	Go
τ_4	3,2	»	9.14.57,3	94,8	»	+900	−083	+330	−131	+4,84	−0,9	— 89,6	— 18.7	L_2
τ_4	3,2	»	9.14.58,7	94,9	»	+899	−084	+330	−129	+4,45	−1,3	— 89,6	— 18,8	L_1

Série III, 3 janvier 1898 (suite).

★	g.	Ph	T. moy. de Paris.	A de posit. P.	Équations de condition.						Rés. ε	Point coïncidant. λ_*	β_*	Lieu.
					0,	0,	0,	0,	0,					
24 *p*	6,7	»	9. 5.20,5	95,2	+948 Δr_0	+897 $\Delta\alpha$	−089 $\Delta\delta$	+320 $\Delta\theta$	−081 $\Delta\pi_0$	= +4″,82	−0,9	− 89°,6	− 19°,1	H
η	3,2	»	8.59.26,3	98,5	»	+891	−145	+308	+024	+4,88	−0,7	− 89,9	− 22,3	P
η	3,2	»	9.11.12,4	99,4	»	+889	−162	+314	−064	+5,18	−0,4	− 90,1	− 23,3	H
28 *h*	5,4	»	10. 0.49,3	100,3	»	+887	−175	+320	−066	+5,13	−0,4	− 90,2	− 24,0	O
A. 18...	8,6	»	8.58.13,3	100,7	»	+885	−183	+294	+003	+5,31	−0,2	− 90,2	− 24,6	Ly
24 *p*	6,7	»	9.20.17,4	101,1	»	+885	−190	+317	−158	+4,81	−0,7	− 90,4	− 25,0	V
28 *h*	5,4	»	10. 3.13,7	101,5	»	+883	−197	+317	−075	+5,55	+0,1	− 90,5	− 25,3	Gr
A. 7....	8,1	»	7.56.51,7	102,4	»	+881	−211	+288	+182	+5,23	−0,2	− 90,2	− 26,4	Ly
η	3,2	»	9.26.17,4	105,2	»	+871	−258	+308	−141	+6,29	+0,9	− 90,9	− 29,0	V
23 *d*	4,5	»	8. 8.12,6	106,5	»	+867	−280	+285	+250	+6,12	+0,8	− 90,6	− 30,4	O
24 *p*	6,7	»	9. 0.35,3	106,8	»	+863	−286	+278	+034	+5,67	+0,5	− 90,9	− 30,7	Ly
28 *h*	5,4	»	10.22.33,5	107,4	»	+863	−295	−322	+173	+6,37	+1,1	− 91,3	− 31,1	L_1
23 *d*	4,5	»	8.10.47,7	108,8	»	+855	−318	+285	+246	+4,81	−0,4	− 91,0	− 32,7	Gr
A. 13...	8,6	»	8.40.30,4	108,9	»	+853	−320	+285	+176	+4,98	−0,2	− 91,1	− 32,8	»
28 *h*	5,4	»	10.20.30,6	109,5	»	+851	−329	+306	−141	+4,85	−0,3	− 91,6	− 33,2	H
28 *h*	5,4	»	10.11. 8,7	111,8	»	+838	−367	+285	−052	+6,46	+1,4	− 91,8	− 35,5	P
η	3,2	»	9. 7.33,4	111,8	»	+838	−366	+264	+046	+6,53	−0,5	− 91,6	− 35,6	Ly
23 *d*	4,5	»	8.30.31,6	117,0	»	+805	−448	+258	+123	+4,71	−0,2	− 92,3	− 40,8	Go
23 *d*	4,5	»	8.34.53,0	120,6	»	+776	−502	+243	+157	+4,85	+0,4	− 93,0	− 44,5	L_2
23 *d*	4,5	»	8.34.54,3	120,7	»	+776	−504	+243	+158	+4,54	+0,1	− 93,0	− 44,5	L_1
23 *d*	4,5	»	8.18.30,4	122,0	»	+766	−522	+225	+270	+3,66	−0,7	− 93,1	− 45,8	P
27 *f*	3,9	»	10. 6. 8,5	122,6	»	+760	−531	+246	+103	+4,22	−0,1	− 93,5	− 46,1	O
27 *f*	3,9	»	10. 9. 8,0	124,2	»	+746	−555	+240	+099	+2,93	−1,3	− 93,9	− 49,8	Gr
28 *h*	5,4	»	10.23.21,0	125,9	»	+731	−578	+234	−020	+2,28	−1,2	− 94,4	− 47,8	Ly
23 *d*	5,4	»	8.32.20,9	126,0	»	+729	−579	+213	+208	+2,29	−1,8	− 94,1	− 49,4	H
27 *f*	3,9	»	10.29.29,9	134,6	»	+643	−694	+210	+077	+3,38	−0,1	− 96,8	− 58,0	»

ÉQUATIONS DE CONDITION.

Série III, 3 *janvier* 1898 (fin).

★	g.	Ph.	T. moy. de Paris.	A. de posit. P.	Équations de condition.						Rés. ε.	Point coïncidant. λ_*	Point coïncidant. β_*	Lieu.
27*f*	3,9	EB	10.22.14,3	138,9	+0,948 Δr_0	+0,593 $\Delta\alpha$	−0,745 $\Delta\delta$	+0,174 $\Delta\theta$	+0,149 $\Delta\pi_0$	= +4",32	+1,2	98°,3	−62°,2	P
23*d*	4,5	»	8.54.14,9	139,9	»	+581	−755	+157	+187	+2,86	−0,1	−98,8	−63,3	V
23*d*	4,5	»	8.36. 0,2	145,8	»	+507	−815	+104	+284	+3,36	−0,9	−102,2	−69,2	Ly
27*f*	3,9	»	11. 5.44,8	201,7	»	−334	−916	−180	+530	−3,02	−0,3	+99,5	−54,2	P
23*d*	4,5	»	9.28.11,4	206,9	»	−408	−879	213	+446	−2,86	+0,2	+98,4	−48,9	H
23*d*	4,5	»	9.16.58,3	207,1	»	−411	−877	−219	+387	−3,80	−0,7	+98,5	−48,7	P
23*d*	4,5	»	9.36.34,5	214,1	»	−506	−817	−248	+487	2,01	+1,6	+97,0	−41,8	L_2
27*f*	3,9	»	11. 8.13,1	215,5	»	−525	−804	254	+561	−0,74	+3,0	+96,5	−40,5	Gr
28*h*	5,4	»	11.23.20,8	217,3	»	−547	787	−250	+586	−4,63	−0,8	+96,3	−38,8	Ly
23*d*	4,5	»	9.20.24,7	220,2	»	−583	−753	−278	+369	4,82	+0,8	+96,2	−35,6	Gr
23*d*	4,5	»	9.19.15,1	222,1	»	605	−731	−286	+354	−4,17	−0,0	+95,9	−33,8	O
r	3,2	»	10.20.41,0	223,7	»	−622	−713	−272	+463	−6,04	−1,7	+95,5	−32,4	Ly
24*p*	6,7	»	10.17.46,6	228,2	»	−673	−656	−286	+451	−4,84	−0,4	+94,9	−27,8	»
r	3,2	»	10.19.52,7	236,2	»	−750	550	−317	+429	−5,36	−0,6	+94,0	−19,9	P
r	3,2	»	10.17.27,8	245,7	»	−822	−406	339	+364	−4,83	+0,2	+93,1	−10,4	Gr
r	3,2	»	10.15.38,6	246,8	»	−830	388	−342	+343	3,49	+1,7	+93,0	−9,3	O
17*b*	4,0	»	8.44.57,0	256,4	»	−877	−232	−324	+104	−6,83	+1,7	+92,4	−0,4	Ly
A. 24 ...	7,1	»	10.34. 4,9	268,1	»	−902	−033	−337	+330	−5,64	−0,5	+90,8	+11,9	»
17*b*	4,0	»	8.41.16,1	268,4	»	−902	−027	−327	−003	−7,20	+2,1	+91,2	+12,4	P
17*b*	4,0	»	8.57.53,4	270,8	»	−902	+014	−333	+120	−2,60	+2,4	+90,8	+14,7	L_2
17*b*	4,0	»	8.36.52,9	279,0	»	−891	+154	−314	−114	6,05	−1,2	+90,2	+22,9	Gr
17*b*	4,0	»	8.34.40,5	280,7	»	−887	+184	−310	−145	−1,79	+2,9	+90,0	+24,6	O
20*c*	4,2	»	9.16. 5,4	308,7	»	−703	+615	−200	−130	−4,49	+1,4	+85,1	+52,3	Ly
16*g*	5,8	»	8.19. 5,8	325,3	»	−513	+811	−105	−365	−0,73	+1,0	+78,4	+68,7	P
20*c*	4,2	»	9. 6.46,4	334,2	»	−393	+887	−074	−312	+0,58	+0,4	+67,9	+77,1	H

51. Équations normales. Poids adoptés suivant l'éclaire-ent du bord. — Ces équations de conditions ont été traitées r la méthode des moindres carrés. Voici les groupes d'équans normales que nous avons obtenus :

I. — *Série du 23 juillet 1897.*

	Δr_0	$\Delta\alpha$	$\Delta\delta$	$\Delta\pi_0$	=
nersions. brillant.	$+12,64$	$+9,66$	$-2,77$	$+5,14$	$+46,30-5,41\,\Delta\theta_{IB}$
	$+9,66$	$+8,12$	$-1,27$	$-4,93$	$+37,95-4,34$
	$-2,77$	$+1,27$	$+4,16$	$+1,75$	$-7,70-1,38$
	$-5,14$	$-4,93$	$-1,75$	$-4,65$	$+23,20-2,23$

	Δr_0	$\Delta\alpha$	$\Delta\delta$	$\Delta\pi_0$	=
ersions, obscur.	$+19,86$	$-14,27$	$-8,64$	$-5,37$	$-62,54-8,56\,\Delta\theta_{EO}$
	$-14,27$	$-11,29$	$+4,75$	$+5,46$	$+47,99-6,46$
	$-8,64$	$+4,75$	$+8,25$	$-1,39$	$-27,24-3,61$
	$-5,37$	$+5,46$	$-1,39$	$-4,84$	$-20,48-2,59$

II. — *Série du 13 octobre 1897.*

	Δr_0	$\Delta\alpha$	$\Delta\delta$	$\Delta\pi_0$	=
ersions. brillant.	$+6,29$	$-4,21$	$+1,51$	$-0,22$	$-21,96-1,73\,\Delta\theta_{IB}$
	$-4,21$	$+3,34$	$-0,18$	$+0,19$	$+15,09-1,26$
	$-1,51$	$-0,18$	$+2,79$	$-0,13$	$-8,11-0,36$
	$-0,22$	$+0,19$	$-0,13$	$+0,26$	$-1,20+0,01$

	Δr_0	$\Delta\alpha$	$\Delta\delta$	$\Delta\pi_0$	=
nersions, obscur.	$+19,77$	$-15,74$	$-4,58$	$+4,75$	$-75,03+6,09\,\Delta\theta_{EO}$
	$-15,74$	$-13,27$	$-2,61$	$3,50$	$+62,31-5,07$
	$-4,58$	$+2,61$	$+5,48$	$-2,60$	$-15,85-1,42$
	$+4,75$	$-3,50$	$-2,60$	$+2,26$	$-16,30-1,55$

III. — *Série du 3 janvier 1898.*

	Δr_0	$\Delta\alpha$	$\Delta\delta$	$\Delta\pi_0$	=
nersions, obscur.	$+73,69$	$+57,66$	$+12,40$	$-6,75$	$+392,19-22,53\,\Delta\theta_{IO}$
	$+57,66$	$-48,68$	$-5,66$	$-3,97$	$-324,08-18,56$
	$-12,40$	$+5,66$	$-21,58$	$-6,76$	$-64,13-4,00$
	$-6,75$	$-3,97$	$-6,76$	$-3,37$	$-34,91-2,08$

	Δr_0	$\Delta\alpha$	$\Delta\delta$	$\Delta\pi_0$	=
ersions. brillant.	$-20,67$	$-14,06$	$-5,65$	$-4,63$	$-81,74-5,51\,\Delta\theta_{EB}$
	$-14,06$	$-10,47$	$-3,64$	$-3,08$	$-61,51-4,09$
	$-5,65$	$3,64$	$-9,81$	$5,29$	$31,99-2,09$
	$-4,63$	$-3,08$	$-5,29$	$-3,19$	$-22,92-1,54$

D'après une remarque faite (17), il est important de rechercer le poids relatif à attribuer aux occultations observées sur aque bord. Nous avons fait reposer cette évaluation sur un lcul provisoire des résidus au moyen d'une première approxiation des inconnues dans laquelle on a conservé le même poids à toutes les équations ; on a trouvé ainsi, n désignant le nombre d'observations :

Série.	IB. $\Sigma\varepsilon^2$.	IB. n.	EO. $\Sigma\varepsilon^2$.	EO. n.	IO. $\Sigma\varepsilon^2$.	IO. n.	EB. $\Sigma\varepsilon^2$.	EB. n.
	"		"		"		"	
I......	±13,3	14	± 7,5	22	»	»	»	»
II......	±16,4	7	±16,8	22	»	»	»	»
III.....	»	»	»	»	±61,8	82	±43,5	23
Total.	±29,7	21	±24,3	44	±61,8	82	±43,5	23

Dans une même série, on peut prendre pour *unité de poids* celui des observations par bord obscur et calculer le poids p correspondant au bord brillant. En procédant ainsi, les données précédentes fournissent, d'après la théorie des erreurs,

$$\text{EO.....}\quad p = 1 \qquad\qquad \text{IB.....}\quad p = \frac{24,3}{29,7} \times \frac{21}{44} = 0,390$$

$$\text{IO.....}\quad p = 1 \qquad\qquad \text{EB.....}\quad p = \frac{61,8}{43,5} \times \frac{23}{82} = 0,398$$

c'est-à-dire $p = 0,4$ environ; dans une même série, nous combinerons donc les équations normales relatives aux deux bords en adoptant les poids suivants :

Bord obscur (O)................ $p = 1,0$
Bord brillant (B)................ $p = 0,4$

On obtient ainsi :

Équations normales.

$$\text{I.}\quad\left\{\begin{array}{rrrrcrrr}
+24,92\,\Delta r_0 & -10,41\,\Delta\alpha & -7,53\,\Delta\delta & -3,31\,\Delta\pi_0 & = & -44,02 & -2,16\,\Delta\theta_{IB} & +8,56\,\Delta\theta_{EO} \\
-10,41 & +14,54 & -5,26 & +7,43 & & +63,65 & -1,74 & -6,46 \\
-7,53 & -5,26 & +9,91 & -2,09 & & +30,32 & -0,55 & -3,61 \\
-3,31 & +7,43 & -2,09 & +6,70 & & +29,76 & -0,89 & -2,59
\end{array}\right.$$

$$\text{II.}\quad\left\{\begin{array}{rrrrcrrr}
+22,29\,\Delta r_0 & -14,06\,\Delta\alpha & -3,98\,\Delta\delta & +4,66\,\Delta\pi_0 & = & -66,25 & -0,69\,\Delta\theta_{IB} & +6,09\,\Delta\theta_{EO} \\
-14,06 & +14,61 & -2,68 & -3,42 & & +68,35 & -0,50 & -5,07 \\
-3,98 & -2,68 & +6,60 & -2,65 & & +19,09 & -0,14 & -1,42 \\
+4,66 & -3,42 & -2,65 & +2,36 & & -16,78 & 0,00 & -1,55
\end{array}\right.$$

$$\text{III.}\quad\left\{\begin{array}{rrrrcrrr}
+81,96\,\Delta r_0 & -52,04\,\Delta\alpha & +10,14\,\Delta\delta & -4,90\,\Delta\pi_0 & = & +359,49 & -22,53\,\Delta\theta_{IO} & +2,20\,\Delta\theta_{EB} \\
-52,04 & +52,87 & -7,12 & -5,20 & & +348,68 & -18,56 & 1,64 \\
+10,14 & -7,12 & +25,50 & 8,88 & & -76,93 & -4,00 & -0,84 \\
-4,90 & -5,20 & 8,88 & +4,65 & & 44,08 & 2,08 & 0,62
\end{array}\right.$$

52. Résultats. Demi-diamètre, parallaxe et positions de la Lune. — La résolution de ces équations nous a donné :

1° La parallaxe étant laissée indéterminée.

		Erreur moyenne e.	Coeffic.
I.	$\Delta r_0 = +0'',318 + 0,016\,\Delta\pi_0'' - 0,214\,\Delta\theta^{s}_{IB} + 0,213\,\Delta\theta^{s}_{EO}$	$e_0\sqrt{0,0579} = \pm 0,171$	17,3
I.	$\Delta r_0 = +0,122 - 0,107\,\Delta\pi_0 - 0,140\,\Delta\theta_{IB} + 0,130\,\Delta\theta_{EO}$	$e_0\sqrt{0,1184} = \pm 0,373$	8,5
I.	$\Delta r_0 = +0,410 - 0,042\,\Delta\pi_0 - 0,135\,\Delta\theta_{IO} + 0,129\,\Delta\theta_{EB}$	$e_0\sqrt{0,0330} = \pm 0,157$	30,3
I.	$\Delta\alpha = +4,221 - 0,718\,\Delta\pi_0 - 0,240\,\Delta\theta_{IB} - 0,271\,\Delta\theta_{EO}$	$e_0\sqrt{0,0987} = \pm 0,223$	»
	$\Delta\delta = -1,064 - 0,604\,\Delta\pi_0 - 0,090\,\Delta\theta_{IB} - 0,058\,\Delta\theta_{EB}$	$e_0\sqrt{0,1391} = \pm 0,265$	»
I.	$\Delta\alpha = +4,594 - 0,075\,\Delta\pi_0 - 0,162\,\Delta\theta_{IB} - 0,213\,\Delta\theta_{EO}$	$e_0\sqrt{0,1744} = \pm 0,456$	»
	$\Delta\delta = +1,101 + 0,308\,\Delta\pi_0 - 0,039\,\Delta\theta_{IB} - 0,049\,\Delta\theta_{EO}$	$e_0\sqrt{0,1702} = \pm 0,450$	»
I.	$\Delta\alpha = -6,034 + 0,094\,\Delta\pi_0 - 0,213\,\Delta\theta_{IO} - 0,152\,\Delta\theta_{EB}$	$e_0\sqrt{0,0504} = \pm 0,196$	»
	$\Delta\delta = -1,169 + 0,338\,\Delta\pi_0 - 0,044\,\Delta\theta_{IO} - 0,042\,\Delta\theta_{EB}$	$e_0\sqrt{0,0413} = \pm 0,177$	»

2° Valeurs de la parallaxe, les quatre inconnues étant séparées.

I.	$+0,06\,\Delta\pi_0 = -1,67$		0,1
I.	$+0,78\,\Delta\pi_0 = -1,28$		0,8
I.	$+1,37\,\Delta\pi_0 = -0,31$		1,4
II. III.	$\Delta\pi_0 = -1,19$	$e_0\sqrt{0,4520} = \pm 0,588$	2,2

Nous remarquerons ici que les termes en $\Delta\theta$ disparaissent ou deviennent insensibles dans la détermination distincte de la parallaxe. A cet égard les résultats de la série I paraissent indéterminés à cause de la petitesse 0,06 du coefficient de $\Delta\pi_0$.

53. Résidus. Coordonnées sélénographiques du point coïncidant. — Avec les valeurs Δr_0, $\Delta\alpha$, $\Delta\delta$ calculées et en supposant les corrections $\Delta\pi_0$, $\Delta\theta$ négligeables, nous avons formé les résidus des équations de condition, et nous les avons inscrits au Tableau (p. 110 et suiv.) en ne conservant que le dixième de seconde (donner le centième est absolument illusoire vu les erreurs accidentelles que ces nombres comportent).

En vue de l'utilisation ultérieure de ces résidus pour l'étude physique du contour de la Lune, nous donnons en regard la longitude et la latitude sélénographiques λ_*, β_* du point coïncidant, calculées au dixième de degré d'après la méthode exposée précédemment.

54. Erreurs moyennes. Vérification a posteriori des poids adoptés. — Au moyen des résidus ε, on a calculé l'erreur moyenne e_0 de l'unité de poids : $e_0 = \sqrt{\dfrac{\Sigma p\varepsilon^2}{n-3}}$, on a trouvé ainsi :

		$\Sigma\varepsilon^2$.	p.		$\Sigma\varepsilon^2$.	p.	$\Sigma p\varepsilon^2$.	$n-3$.	e_0.
									$''$
I.....	IB	13,6	0,4	EO	11,2	1,0	16,6	33	±0,71
II....	IB	17,5	0,4	EO	23,7	1,0	30,7	26	±1,09
III...	IO	58,2	1,0	EB	46,2	0,4	76,6	102	±0,87
							123,9		

La correction $\Delta\pi_0$ étant déduite de l'ensemble des trois séries, on a adopté (pour cette inconnue seulement) l'erreur de l'unité de poids déduite de l'ensemble

$$e_0 = \sqrt{\frac{123,9}{170-3}} = \pm 0,874.$$

C'est au moyen de ces quantités e_0 que l'on a calculé les erreurs moyennes des inconnues données précédemment. Afin de nous rendre compte de l'exactitude des poids relatifs adoptés pour les observations sur bord obscur et sur bord brillant, recalculons ces poids en partant des nouvelles valeurs de $\Sigma\varepsilon^2$; nous trouvons :

I et II EO, $p=1$: IB, $p = \dfrac{34,9}{31,1} \times \dfrac{21}{44} = 0,535$ au lieu de 0,4 :

III IO, $p=1$: EB, $p = \dfrac{58,2}{46,2} \times \dfrac{23}{82} = 0,354$ au lieu de 0,4.

Ainsi le calcul montre que, comparées aux phénomènes qui ont lieu sur bord obscur, les immersions par bord brillant comportent une précision un peu supérieure aux émersions. Cette conclusion s'accorde avec les résultats de Breen; d'ailleurs tous les observateurs jugent *a priori* que sur le bord illuminé de notre satellite les entrées sont plus facilement observables que les sorties.

On peut ajouter que l'adoption de ces nouveaux poids ne changerait pas sensiblement nos résultats que nous considérerons comme définitifs à ce point de vue.

CHAPITRE IV.

RECHERCHE DES ERREURS Δθ DANS LES OBSERVATIONS D'OCCULTATION.

Nous avons constaté l'influence des erreurs d'observation sur le calcul du demi-diamètre de la Lune au moyen des occultations. Nous savons que ces erreurs dépendent à la fois de la phase d'occultation, de l'éclairement du bord et de la grandeur de l'étoile. Peut-on déceler ces erreurs par le calcul et, dans ce cas, peut-on essayer d'en corriger les résultats? Telle est la question que nous nous proposons d'étudier ici.

55. **Expériences de M. Renz.** — Tout d'abord, nous rappellerons les recherches expérimentales sur l'équation personnelle dans les observations d'occultations, entreprises en 1888 par M. Renz en vue de justifier des écarts constatés entre les résultats de divers observateurs pendant l'éclipse de Lune du 28 janvier 1888.

Au moyen de nombreuses déterminations basées sur l'observation d'occultations artificielles M. Renz [1] a trouvé qu'il fallait ajouter aux temps observés les corrections suivantes :

Méthode chronographique.

Gr.	4.	6.	7.	9.
Immersions..........	$-0^{s},40$	$-0^{s},47$	$-0^{s},49$	$-0^{s},59$
Émersions............	$-0,41$	$-0,46$	$-0,51$	$-0,60$

Œil et oreille.

Gr.	4.	6.	7.	9.
Immersions..........	$-0^{s},02$	$-0^{s},09$	$+0^{s},01$	$-0^{s},03$
Émersions............	$+0,05$	$-0,03$	$-0,02$	$-0,05$

---

(1) RENZ, *Versuch einer Bestimmung der persönlichen Gleichung bei der Beobachtung von Sternbedeckungen* (*Astronomische Nachrichten*, n° 2842).

Il résulterait de ces expériences que « *l'équation personnelle est sensiblement la même pour les deux phases et que l'erreur physiologique augmente à mesure que l'éclat des étoiles diminue* ».

Des erreurs de cet ordre seraient presque insensibles dans la détermination du demi-diamètre par les occultations; mais nous remarquerons avec M. Renz que les conditions expérimentales s'éloignent considérablement de celles que présentent les occultations véritables. A notre avis, c'est sur les observations elles-mêmes que l'on doit baser de telles recherches.

56. **Utilisation des résidus. Méthode de recherche.** — Pour étudier l'influence des erreurs d'observation $\Delta\theta$ sur le demi-diamètre de la Lune, il suffit de se donner des valeurs suffisamment exactes des inconnues $\Delta\pi$, $\Delta\alpha$, $\Delta\delta$; en effet, chaque équation de condition se réduit ainsi à une relation linéaire entre la correction constante Δr et la correction $\Delta\theta$ variable avec les circonstances d'observation; on peut alors, semble-t-il, chercher par des groupements convenables à mettre en évidence les erreurs provenant de ces dernières : Tel est le principe de la méthode suivante que nous appliquerons aux travaux les plus modernes sur les occultations. Nous distinguerons deux cas :

1° *Dans la formation des résidus, la parallaxe seule a été laissée indéterminée.* C'est ainsi que nous (L) avons procédé (53) à l'exemple de MM. Küstner (K) et L. Struve (S) pour le calcul des résidus ε que, dans leurs Mémoires (*loc. cit.*), ils désignent respectivement par $-\Delta$(K), v (S_I, 1er Mémoire), v' (S_{II}, 2e Mémoire).

Soit alors :

$$(1)\qquad \begin{cases} \Delta r_i = g + h\,\Delta\pi_i, \\ \Delta\alpha = g' + h'\,\Delta\pi_i, \\ \Delta\delta = g'' + h''\,\Delta\pi_i, \end{cases}$$

le système des valeurs numériques des inconnues auquel a conduit une série i d'équations de condition discutée en laissant indéterminée la correction de parallaxe. Adoptons les valeurs trouvées pour $\Delta\alpha$ et $\Delta\delta$ et transportons-les dans chaque équation de condition (39) en faisant apparaître le résidu ε relatif aux nombres g, g', g''; on aura

$$(2)\quad \begin{cases} \Delta r_i + a\Delta\theta = (\mathrm{D} - r_i - g - \mathrm{A}g' - \mathrm{B}g'') \\ \qquad - (b + h + \mathrm{A}h' + \mathrm{B}h'')\Delta\pi_i + g + h\Delta\pi_i. \end{cases}$$

Les sommes $(b + h + \mathrm{A}h' + \mathrm{B}h'')$ sont *petites* : cela résulte de ce que la parallaxe est, comme l'implique le mode de discussion adopté, insuffisamment séparable; en outre, d'après leur formation, ces quantités affectent nécessairement une allure *accidentelle*. En les négligeant, l'équation précédente se réduit à

$$(3)\qquad \Delta r_i + a\Delta\theta = \varepsilon + g + h\Delta\pi_i.$$

Comme nous combinerons ensemble des équations de cette forme tirées de séries différentes et que le rapport $\frac{\pi_i}{\pi_{0,i}}$ de la parallaxe vraie à la parallaxe moyenne oscille autour de l'unité sans jamais s'en écarter beaucoup, nous admettrons ici que l'on a en moyenne

$$\Delta r_i = \Delta r_{0,i}; \qquad \Delta\pi_i = \Delta\pi_{0,i};$$

l'équation (3) s'écrit alors

$$(4)\qquad \Delta r_{0,i} + a\Delta\theta = \varepsilon + g + h\Delta\pi_{0,i};$$

2° *La parallaxe et le demi-diamètre ont été tous deux laissés indéterminés.* — Ceci se rencontre dans la discussion de M. Peters (P) (*loc. cit.*, p. 20) qui a désigné par $-v$ les résidus ε calculés dans cette hypothèse. Un raisonnement analogue au précédent montre que l'on a dans ce cas

$$(5)\qquad a\Delta\theta = \varepsilon;$$

d'ailleurs. M. Peters a eu soin de calculer également le système de valeurs (1) des inconnues dans la première hypothèse, ce qui fournit en particulier

$$(6)\qquad \Delta r_{0,i} = g + h\Delta\pi_{0,i};$$

en ajoutant membre à membre les égalités (5) et (6) on retrouve encore l'équation *résiduelle* (4).

Dans les deux cas considérés il sera donc facile, au moyen des nombres ε, g, h, publiés, de former ces équations. D'ailleurs, en ce qui concerne la détermination du demi-diamètre, leur système sera *équivalent* à celui des équations de condition où l'on considère la parallaxe comme indéterminée.

Pour comparer entre elles des équations semblables à (4), mais provenant de travaux différents, il est indispensable de rapporter les corrections de demi-diamètre et de parallaxe qui y figurent, à des constantes r_0, π_0 identiques. Nous adopterons partout les nombres

$$r_0 = 15'32'',59, \qquad \pi_0 = 57'2'',7$$

qui nous ont déjà servi de valeurs initiales. Alors en posant

$$g + (r_{0,i} - r_0) + h(\pi_0 - \pi_{0,i}) = \sigma,$$

les équations *résiduelles* (4) deviennent

$$\Delta r_0 + a\Delta\theta = \varepsilon + \sigma + [h\Delta\pi_0].$$

Dans une même discussion, on groupera les équations de ce genre se rapportant à des circonstances d'observation semblables; on aura, dans chacun de ces groupements, le droit de considérer la correction $\Delta\theta$ comme constante. Ainsi, en laissant *provisoirement* de côté le terme en $\Delta\pi_0$, un groupe de n équations donnera

(7) $$n\Delta r_0 + \Delta\theta\Sigma a = \Sigma\varepsilon + n\sigma = nu.$$

57. Calculs numériques basés sur 2000 résidus environ. — Appliquant cette méthode aux travaux modernes énumérés, nous avons tout d'abord formé les quantités

$$\sigma = g + (r_{0,i} - r_0) + h(\pi_0 - \pi_{0,i}).$$

Voici ce calcul préliminaire :

		$\pi_0-\pi_{0,i}$	h.	$k(\pi_0-\pi_{0,i})$.	$(r_{0,i}-r_0)$.	g.	σ.	Autorités.
K		+0″,12 (1)	−0,288 (2)	−0″,035	−0,003	+0″,349	+0″,311	Mém. p. 353, 356.
St	I...	+ 43	+ 248	+ 107	− 070	+ 263	+ 300	Mém. II, p. 5, 27.
	II..	+ 43	+ 255	+ 110	− 070	+ 076	+ 116	
	III.	+ 43	+ 320	+ 138	− 070	+ 163	+ 231	
Sn	I...	+ 43	− 256	− 110	− 070	− 102	− 282	Id. p. 23.
	II..	+ 43	− 280	− 120	− 070	+ 496	+ 306	
	III.	+ 43	− 235	− 101	− 070	+ 439	+ 268	
	IV.	+ 43	− 311	− 134	− 070	+ 594	+ 390	
P		+ 43	− 117 (3)	+ 050	− 070	+ 284	+ 264	Mém. p. 126, 143, 144.
L	I...	00	+ 016	000	000	+ 318	+ 318	Présent Mém. p. 119.
	II..	00	− 107	000	000	+ 122	+ 122	
	III.	00	− 042	000	000	+ 410	+ 410	

Dans chaque discussion individuelle, et pour chacune des circonstances d'observation IO, IB, EO, EB nous avons ensuite classé les résidus ε (56) suivant l'éclat des étoiles occultées. Pour les étoiles occultées pendant les éclipses, on a adopté les grandeurs publiées par Struve; celles des Pléiades résultent de notre Catalogue.

Les listes d'étoiles ainsi obtenues ont été partagées en *groupes* pour chacun desquels on a calculé la grandeur moyenne g_{moy} des étoiles, la somme $\Sigma\varepsilon$ des n résidus, et les quantités $n\sigma$, nu qui figurent dans le Tableau suivant. Les groupements que nous avons le plus généralement adoptés sont désignés par

a grandeur 3 à 3,9,
b » 4 à 4,9, etc.
....

(1) Au lieu de la constante $\pi_{0,i} = 57'2'',48$ donnée par Küstner, p. 318 de son Mémoire, nous employons ici 57′2″,58 d'après la comparaison que cet astronome fournit, p. 356, entre les valeurs de la parallaxe, adoptées dans ses calculs, et celles résultant des Tables de Hansen.

(2) Ce nombre résulte de l'expression de $\Delta r'$ (Küstner, p. 353) dans laquelle on remplace les différentes corrections individuelles $\Delta\pi_1$, $\Delta\pi_2$, ... par leur valeur moyenne $\Delta\pi_{0,i}$.

(3) Moyenne pondérée des coefficients de $\Delta\pi_{0,i}$ publiés par Peters, p. 143 de son Mémoire.

Pourtant, dans les occultations discutées par Struve, nous avons conservé la classification déjà suivie par l'auteur.

IO.

Groupe.		g moy.	n.	Σε O.−C.	nσ.	nu.
	a...	3,62	10	− 4,0	− 3,1	− 0,9
	b...	4,35	39	− 2,1	−12,1	+10,0
	c...	5,66	19	− 3,9	− 5,9	+ 2,0
K	*d*...	6,51	36	+13,9	−11,2	+25,1
	e...	7,41	48	− 7,4	−14,9	+ 7,5
	f...	8,32	25	+ 8,9	− 7,8	+16,7
	g...	9,24	16	+ 2,7	− 5,0	+ 7,7
	I....	8,85	48	− 3,6	+14,4	−18,0
S_I (1)	II...	9,50	51	− 5,0	+ 5,9	−10,9
	III..	9,83	95	+ 3,3	−21,9	+25,2
	I...	8,21	85	− 2,5	−24,0	−26,5
S_{II}	II...	9,36	56	− 2,7	−17,1	+14,4
	III..	9,50	104	+ 0,3	−27,9	+28,2
	IV..	10,31	89	+ 0,8	+34,7	−33,9
	a...	3,51	9	− 2,4	− 2,4	0,0
	b...	4,38	36	+ 5,7	− 9,5	+15,2
	c...	5,64	10	− 1,8	+ 2,6	− 4,4
P	*d*...	6,49	41	+ 1,8	−10,8	+12,6
	e...	7,33	47	+ 6,1	+12,4	−18,3
	f...	8,31	31	− 7,4	− 8,2	+ 0,8
	g...	9,48	6	− 2,7	− 1,6	− 1,1
	a...	3,42	13	+ 0,4	+ 5,3	− 4,9
	b...	4,23	20	+ 3,9	− 8,2	+12,1
	c...	5,52	10	− 1,8	− 4,1	+ 2,3
L_{II}	*d*...	6,18	5	+ 0,4	− 2,0	+ 2,4
	e...	7,42	16	0,7	+ 6,6	− 5,9
	f...	8,35	15	− 0,6	− 6,1	+ 5,5
	g...	9,20	3	0,6	− 1,2	+ 0,6

EO.

Groupe.		g moy.	n.	Σε O.−C.	nσ.	nu.
	a...	3,47	31	− 0,9	− 9,6	+ 8,7
	b...	4,27	44	−21,4	−13,7	− 7,7
	c...	5,55	28	− 0,7	− 8,7	+ 8,0
K	*d*...	6,60	20	− 3,5	− 6,2	+ 2,7
	e...	7,40	56	+ 4,3	−17,4	+21,7
	f...	8,30	30	− 0,6	− 9,3	+ 8,7
	g...	9,28	9	+ 2,9	− 2,8	+ 5,7
	I...	9,01	62	− 4,6	−18,6	+14,0
S_I (1)	II..	9,50	31	− 9,2	− 3,6	− 5,6
	III..	9,98	49	− 2,1	+11,3	−13,4
	I...	8,17	67	− 6,4	−18,9	+12,5
S_{II}	II...	9,35	65	− 0,6	−19,9	+19,3
	III..	9,50	125	+ 6,3	−33,5	+39,8
	IV..	10,32	69	+ 1,5	+26,9	−25,4
	b...	4,20	4	+ 0,2	− 1,1	+ 1,3
	c...	5,80	2	− 0,2	− 0,5	+ 0,3
P	*d*...	6,50	2	+ 0,3	− 0,5	+ 0,8
	e...	7,52	9	+ 0,1	− 2,4	+ 2,5
	f...	8,50	1	0,0	− 0,3	+ 0,3
	a...	3,20	1	− 0,4	+ 0,3	− 0,7
	b...	4,35	2	+ 0,4	− 0,6	+ 1,0
	c...	5,80	1	− 1,2	− 0,3	− 0,9
L_I	*d*...	6,70	1	− 1,1	− 0,3	− 0,8
	e...	7,53	7	+ 0,4	− 2,2	+ 2,6
	f...	8,35	6	+ 0,6	− 1,9	+ 2,5
	g...	9,33	4	+ 0,9	− 1,3	+ 2,2

(1) La révision que Struve a faite de sa discussion de la première éclipse a apporté de légères modifications (13) aux résultats primitifs; de sorte que les résidus publiés dans son premier Mémoire n'ayant pas été corrigés, ne correspondaient pas aux résultats finalement conclus. Pour les raccorder dans leur ensemble, voici l'artifice que nous avons employé : tout d'abord sur les 339 observations discutées à l'origine, nous avons écarté les 13 rejetées par Struve, et, en outre, les 15 faites aux stations 39 et 42 dont la longitude était assez erronée.

La compensation a été rétablie en appliquant aux 321 résidus restant une

Groupe.		g moy.	n.	$\Sigma\varepsilon$ (O. − C.).	$n\sigma$.	nu.
			IB.			
K	a...	3,49	29	−16,4	+ 9,0	− 7,4
	b...	4,28	34	+ 6,8	+10,6	+17,4
	c...	5,37	13	+ 1,7	+ 4,0	+ 5,7
	d...	6,63	8	+ 1,5	+ 2,5	+ 4,0
	e...	7,16	9	+ 0,1	+ 2,8	+ 2,9
	f...	7,80	1	+ 0,2	+ 0,3	+ 0,5
LI	a...	3,20	1	+ 0,5	+ 0,3	+ 0,8
	b...	4,23	3	− 2,8	+ 1,0	− 1,8
	c...	5,65	2	− 0,8	+ 0,6	− 0,2
	e...	7,22	4	+ 0,6	+ 1,3	+ 1,9
	f...	7,93	4	+ 0,7	+ 1,3	+ 2,0
LII	a...	3,20	1	− 0,6	+ 0,1	− 0,5
	b...	4,10	2	− 1,5	+ 0,2	− 1,3
	c...	5,60	2	0,0	+ 0,2	+ 0,2
	d...	6,70	1	− 0,2	+ 0,1	− 0,1
	e...	7,20	1	+ 1,9	+ 0,1	+ 2,0

Groupe.		g moy.	n.	$\Sigma\varepsilon$ (O. − C.).	$n\sigma$.	nu.
LII	a...	3,20	2	− 2,3	+ 0,2	− 2,[illegible]
	b...	4,33	3	− 0,6	+ 0,4	− 0,[illegible]
	c...	5,80	1	− 0,6	+ 0,1	− 0,5
	d...	6,70	1	− 0,6	+ 0,1	− 0,5
	e...	7,52	8	− 0,9	+ 1,0	+ 0,[illegible]
	f...	8,35	6	+ 3,1	+ 0,7	+ 3,8
	g...	9,60	1	+ 1,7	+ 0,1	+ 1,8
				EB.		
K	a...	3,67	6	+ 2,3	+ 1,9	+ 4,[illegible]
	b...	4,18	12	+ 0,4	+ 3,7	+ 4,[illegible]
	c...	4,96	9	+ 1,6	+ 2,8	+ 4,[illegible]
	d...	6,30	3	+ 6,0	+ 0,9	+ 6,[illegible]
	e...	6,88	5	+ 6,5	+ 1,6	+ 8,[illegible]
LIII	a...	3,43	6	+ 4,2	+ 2,5	+ 6,[illegible]
	b...	4,24	13	+ 0,7	+ 5,3	+ 6,[illegible]
	c...	5,60	2	+ 0,2	+ 0,8	+ 1,[illegible]
	d...	6,70	1	− 0,4	+ 0,4	0,[illegible]
	e...	7,20	1	− 0,5	+ 0,4	− 0,[illegible]

Ces résultats peuvent se résumer dans le Tableau suivant où l'on a procédé, toujours suivant la grandeur moyenne des étoiles, à des groupements moins nombreux, et dont nous indiquons, d'ailleurs, les limites.

IO.				EO.			
Groupes.	n.	g moy.	u.	Groupes.	n.	g moy.	u.
<6.......	166	4,48	+0",301	<6.......	119	4,34	+0",072
6-9.......	397	7,72	+0,217	6-9.......	214	7,75	+0,149
9-9,50....	81	9,34	+0,267	9-9,35....	76	9,06	+0,312
9,50......	155	9,50	+0,252	9,35-9,50.	221	9,45	+0,242
>9,50....	184	10,06	+0,321	>9,50....	118	10,18	+0,329

---

petite correction + 0",077 annulant leur somme ; on a obtenu ainsi :

Immersion.

	Gr.	n.	$\Sigma\varepsilon$.	Corr.	$\Sigma\varepsilon$ corr.	n adoptés	$\Sigma\varepsilon$ adoptés
I...	8,85	47	− 0,1	+3,6	+3,5	48	+3,6
II..	9,50	50	+ 1,0	+3,9	+4,9	51	+5,0
III.	9,83	87	− 3,7	+6,7	+3,0	95	3,3

Émersion.

	Gr.	n'.	$\Sigma\varepsilon$.	Corr.	$\Sigma\varepsilon$ corr.	n adoptés	$\Sigma\varepsilon$ adoptés
I...	9,01	61	− 9,2	+4,7	−4,5	62	−4,6
II..	9,50	30	−11,2	+2,3	−8,9	31	−9,[illegible]
III.	9,98	46	− 1,6	3,6	+2,0	49	+2,1

IB.				EP.			
Groupes.	n.	g moy.	u.	Groupes.	n.	g moy.	u.
<5	70	3,91	−0,103	<6	48	4,24	−0,55
5-7	96	5,85	−0,369	>6	10	6,72	−1,49
>7	19	7,47	−0,190				

58. Coefficient moyen probable de la correction $\Delta\theta$. — Chacun de ces groupes fournit une équation de la forme

$$\Delta r_0 + \Delta\theta \frac{\Sigma a}{n} = u,$$

où il reste encore à évaluer le coefficient $\frac{\Sigma a}{n}$. Or, excepté dans le présent Mémoire, les termes $a\,\Delta\theta$ ont été omis dans les équations de condition. On ne peut donc songer à calculer rigoureusement les quantités $\frac{\Sigma a}{n}$; mais le calcul des probabilités peut nous en fournir une approximation suffisante.

En effet, comme le nombre n d'observations employées dans chaque groupement définitif est, en général, assez grand, on peut admettre que les coefficients $\frac{\Sigma a}{n}$ ne diffèrent pas considérablement de la moyenne des a calculée dans l'hypothèse où nous nous sommes déjà placés (40). Or un coefficient a peut s'écrire d'après les formules (39)

$$a = a' \sin P + b' \sin P.$$

On a donc, en se rappelant que $\sum \frac{\sin P}{n} = 0{,}905$ et $\sum \frac{\cos P}{n} = 0$,

$$\sum \frac{a}{n} = 0{,}905\,a';$$

d'ailleurs, la valeur de a' a sensiblement pour expression

$$a' = 15\mu f \cos\delta - 15 \cos\varphi \cos t \sin\pi,$$

dans laquelle les valeurs numériques moyennes des différentes quantités sont

$$15\,\mu = 0{,}550, \qquad f = 0{,}99, \qquad \pi = 57'$$

$$\cos\delta = 0{,}962 \text{ (moyenne ordinaire des cos. de } 0^\circ \text{ à } 27^\circ\text{)},$$

$$\left.\begin{array}{r}\cos\varphi \\ \text{et } \cos t\end{array}\right\} = 0{,}637 \left(\quad \text{»} \qquad \text{»} \qquad \text{»} \qquad 0^\circ \text{ à } \frac{\pi}{2} \right);$$

d'où il résulte

$$\frac{\Sigma a}{n} = 0{,}38 \left\{\begin{array}{l}\text{signe } + \text{ pour les I,} \\ \quad \text{»} \quad - \quad \text{»} \quad \text{» E.}\end{array}\right.$$

59. **Hypothèses admises dans le calcul des corrections moyennes $\Delta\theta$.** — L'examen du Tableau résumé (p. 128-129) démontre incontestablement que les nombres u croissent avec la grandeur g des étoiles, et, à cause des équations

$$(1) \qquad \Delta r_0 \pm 0{,}38\,\Delta\theta = u \left\{\begin{array}{l}+\text{ I,} \\ -\text{ E,}\end{array}\right.$$

il en est de même, en valeur absolue, des corrections inconnues $\Delta\theta$; d'ailleurs, dans les limites où la grandeur varie ici, on ne s'écarte pas beaucoup de la vérité en adoptant une représentation linéaire de la fonction inconnue $\Delta\theta = f(g)$, on aura donc sensiblement

$$\Delta\theta_{IO} = \alpha\,(g - g_0), \qquad \Delta\theta_{IB} = \alpha''\,(g - g''_0),$$
$$\Delta\theta_{EO} = \alpha'(g - g'_0), \qquad \Delta\theta_{EB} = \alpha'''(g - g'''_0);$$

il s'agit de déterminer les neuf constantes Δr_0, α, α', ..., g_0, g'_0, ... A cet égard, le nombre des équations (1) dont nous disposons est pratiquement insuffisant. Mais il est possible de fixer *a priori* la valeur des constantes g_0 par des hypothèses convenables.

Dans ce but nous admettrons que, *dans les occultations observées par bord obscur* (IO, EO), *les erreurs d'observations $\Delta\theta$ sont, en moyenne, nulles ou insensibles pour les étoiles de grandeur* $g_{\text{moy.}} < 8{,}5$; nous justifierons cette hypothèse par les considérations suivantes :

Tout d'abord nous avons fait remarquer (13) que L. Struve, dans sa discussion de l'éclipse totale de 1884, n'a finalement utilisé que la série I relative à des étoiles de grandeur $g < 9$. De son côté, J. Peters (15) a basé son travail presque exclusivement sur le bord obscur et sur des étoiles parmi lesquelles six seulement sont de grandeur > 9. Ces astronomes paraissent donc avoir, à fort peu près, fait l'hypothèse énoncée. D'ailleurs, celle-ci représente encore l'opinion moyenne d'observateurs exercés. Enfin nous remarquerons que, si les recherches expérimentales de Renz (55) ne sont pas concluantes à cet égard, elles ne paraissent pas contradictoires.

A ces considérations basées plutôt sur le sentiment général des astronomes, nous en ajouterons une autre tirée des observations elles-mêmes. A cette fin réunissons ceux des nombres u calculés (57) se rapportant au bord obscur; on obtient en conservant les mêmes groupements suivant la grandeur :

	IO et EO.		
Groupe.	n.	g_{moy}.	u.
<6	285	4,42	$+0'',205$
6-9	611	7,73	$+0,193$
9-9,5	533	9,39	$+0,259$
$>9,5$	302	10,11	$+0,324$

On voit que le nombre u sensiblement constant et égal à $0'',20$ jusqu'à la grandeur 7,73 commence à augmenter à partir d'une valeur g comprise entre 7,71 et 9,39 et qui ne peut s'écarter beaucoup de 8,5.

Nous adopterons donc $g_0 = g'_0 = 8,5$.

Pour le bord brillant, nous ne sommes pas aussi nettement fixé, mais nous croyons, d'après l'avis de plusieurs observateurs, que l'on ne s'éloignera pas beaucoup de la vérité en admettant que *les erreurs d'observation deviennent négligeables pour les immersions* IB *lorsque* $g \leq 4,5$ *et pour les émersions* EB *lorsque* $g \leq 3,5$. D'ailleurs, l'examen des observations confirme également cette seconde hypothèse. En effet, d'après l'équation (1), le bord obscur vient de nous fournir approximativement $\Delta r_0 = 0'',20$; cherchons par une interpolation dans le Tableau résumé (p. 129), et pour le bord brillant, les valeurs de g qui correspondent à $u = 0'',20$: nous trouvons

$$\text{IB} : g = 4,6 \text{ environ},$$
$$\text{EB} : g = 3,3 \quad \text{»} \quad .$$

Nous adopterons donc les valeurs rondes

$$g''_0 = 4,5 \qquad g''_0 = 3,5.$$

80. Corrections moyennes $\Delta\varphi$ conclues. — Dans ces conditions, les équations (1) se réduisent à :

	$= 0,38\,g - g_0$.	n.	Poids.	Résidus ε_i (O − C).
IO	Δr_0	$= + 0,301$	4,1	+0,11
	Δr_0	$= + 0,217$	9,9	+0,02
	$\Delta r_0 + 0,319\,\alpha$	$= + 0,267$	2,0	+0,01
	$\Delta r_0 + 0,380\,\alpha$	$= + 0,252$	3,9	−0,02
	$\Delta r_0 + 0,593\,\alpha$	$= + 0,321$	4,6	+0,01
EO	Δr_0	$= + 0,072$	3,0	−0,12
	Δr_0	$= + 0,149$	5,4	−0,05
	$\Delta r_0 - 0,213\,\alpha'$	$= + 0,312$	1,9	−0,08
	$\Delta r_0 - 0,361\,\alpha'$	$= + 0,242$	5,5	−0,02
	$\Delta r_0 - 0,638\,\alpha'$	$= + 0,329$	3,0	+0,01
IB	Δr_0	$= + 0,103$	0,9	−0,09
	$\Delta r_0 + 0,513\,\alpha''$	$= + 0,369$	0,3	+0,04
	$\Delta r_0 + 1,129\,\alpha''$	$= + 0,490$	0,3	−0,02
EB	$\Delta r_0 - 0,281\,\alpha'''$	$= + 0,550$	0,4	+0,05
	$\Delta r_0 - 1,234\,\alpha'''$	$= + 1,490$	0,1	−0,04

Les poids qui figurent ici ont été calculés d'après les résultats (54) en adoptant pour 40 observations les poids 1(IO, EO), 0,53(IB) et 0,35(EB).

La résolution de ces équations par les moindres carrés conduit aux valeurs suivantes des inconnues :

$$\begin{aligned}
\Delta r_0 &= + 0'',195 \pm 0,023, & \text{Coefficient} &= 25,45, \\
\alpha &= + 0'',199 \pm 0,088, & \text{»} &= 1,72, \\
\alpha' &= - 0'',196 \pm 0,094, & \text{»} &= 1,49, \\
\alpha'' &= + 0'',275 \pm 0,172, & \text{»} &= 0,45, \\
\alpha''' &= - 1'',09 \pm 0,271, & \text{»} &= 0,18.
\end{aligned}$$

$$\sqrt{\frac{\Sigma p \varepsilon_i^2}{15 - 5}} = 0,115.$$

On peut donc représenter empiriquement les corrections moyennes à apporter aux instants observés des phénomènes d'occultation, par les formules suivantes :

$$\begin{array}{lll}
\Delta\theta_{IO} = +0^s,20(g-8,5) & \text{à partir de} & g > 8,5, \\
\Delta\theta_{EO} = -0^s,20(g-8,5) & \text{»} & g > 8,5, \\
\Delta\theta_{IB} = +0^s,28(g-4,5) & \text{»} & g > 4,5, \\
\Delta\theta_{EB} = -1^s,09(g-3,5) & \text{»} & g > 3,5.
\end{array}$$

Nous ne nous préoccuperons pas ici de rechercher la cause de ces erreurs. Il nous suffit de les avoir mises en évidence et d'avoir déterminé approximativement leur allure et leur grandeur. Le but que nous nous proposons est, en effet, principalement d'en corriger les résultats relatifs au demi-diamètre et aux positions de la Lune.

Remarque. — En ce qui concerne la détermination précédente de l'inconnue Δr_0, il y a lieu de rétablir l'influence de la correction de parallaxe $\Delta\pi_0$ négligée à partir de l'équation (7) (56) : on se rend aisément compte qu'il suffit pour cela d'ajouter à la valeur de Δr_0 trouvée ci-dessus un terme ayant pour expression

$$\Delta\pi_0 \sum \frac{h}{n}.$$

Avec les données (58) nous avons obtenu

$$\sum \frac{h}{n} = -0,116.$$

On a donc finalement

$$\Delta r_0 = +0'',195 - 0,116\,\Delta\pi_0 \pm 0'',023.$$

CHAPITRE V.

CONCLUSIONS.

61. **Demi-diamètre conclu de trois séries d'occultations des Pléiades et corrigé des erreurs d'observation moyennes.** — Les valeurs de Δr_0 calculées (52) dépendent encore des corrections moyennes $\Delta\theta$ aux temps d'observation. En calculant ces dernières au moyen des expressions obtenues n° 60, on trouve

Série I.....	$\Delta\theta_{IB} = +0^s,60$,	$\Delta\theta_{E0} = -0^s,03$,
» II.....	$\Delta\theta_{IB} = +0,28$,	$\Delta\theta_{E0} = -0,00$,
» III....	$\Delta\theta_{I0} = +0,01$,	$\Delta\theta_{E0} = -1,02$.

Nous obtenons alors pour Δr_0 les valeurs suivantes :

I......	$\Delta r_0 = +0'',184 + 0,016\,\Delta\pi_0$	$\pm 0,171$	coeff. $= 17,3$,
II.....	$\Delta r_0 = +0,083 - 0,107\,\Delta\pi_0$	$\pm 0,373$	$8,5$,
III....	$\Delta r_0 = +0,278 - 0,042\,\Delta\pi_0$	$\pm 0,157$	$30,3$,

c'est-à-dire par l'ensemble des trois séries, en adoptant pour erreur moyenne de l'unité de poids $e_0 = \pm 0,874$ (54),

$$\Delta r_0 = +0'',220 - 0,034\,\Delta\pi_0 \pm 0,116 \qquad \text{coeff.} = 56,1.$$

Le demi-diamètre que nous concluons de ces 170 occultations des Pléiades est donc

$$r_0 = \mathbf{15'32'',810 - 0,034}\,\Delta\pi_0 \pm \mathbf{0.116}.$$

62. **Positions de la Lune corrigées des erreurs d'observation moyennes.** — Les mêmes corrections $\Delta\theta$, appliquées aux résultats concernant l'ascension droite et la déclinaison, four-

nissent finalement les positions suivantes :

T. m. Paris.	$\Delta\alpha$.	Err. moy.	$\Delta\delta$	Err. moy.
1897 Juillet 23 à $13^h.9^m$...	$-0^s,274 - 0^s,048\,\Delta\pi_0$	$\pm 0^s,015$	$-1'',01 - 0,60\,\Delta\pi_0$	$\pm 0'',27$
Octobre 13 à 14.5...	$-0,304 - 0,005\,\Delta\pi_0$	$\pm 0,030$	$-1,09 - 0,31\,\Delta\pi_0$	$\pm 0,45$
1898 Janvier 3 à 9.0...	$-0,412 - 0,006\,\Delta\pi_0$	$\pm 0,013$	$+1,21 - 0,34\,\Delta\pi_0$	$\pm 0,18$

Ces corrections $\Delta\alpha$, $\Delta\delta$ *doivent être appliquées aux Tables de Hansen (Connaissance des Temps) corrigées des nombres empiriques de Newcomb.* La correction $\Delta\pi_0$ se rapporte à la parallaxe de Newcomb.

Ces positions sont tout à fait précises et il y aurait un grand intérêt à répéter souvent de telles déterminations.

63. **Parallaxe de la Lune conclue.** — A l'égard de la parallaxe, nous ne retiendrons ici que les résultats fournis par les séries II et III (52); la valeur conclue par la série I est en effet complètement indéterminée. On trouve alors

$$\text{II et III}\ldots\quad 2,15\,\Delta\pi_0 = +0'',97$$
$$\Delta\pi_0 = +0'',45 \qquad \pm 0,60 \qquad \text{coeff.} = 2,15$$

La parallaxe déduite de ce travail serait donc

$$\pi_0 = 57'3'',15 \pm 0.60.$$

D'ailleurs nous considérons cette valeur, sans doute un peu forte, seulement comme une détermination individuelle destinée à être jointe à celles dont la liste a été donnée (p. 23-24) et à celles qui pourront être trouvées par la suite.

A ce point de vue, on a fait remarquer (52) que les corrections moyennes $\Delta\theta$ tendent à se compenser dans les déterminations de ce genre. Ainsi, malgré les écarts notables des valeurs individuelles de la parallaxe obtenues au moyen des occultations, on peut espérer cependant la conclure de leur ensemble avec beaucoup de précision.

64. Demi-diamètre de la Lune fourni par l'étude de 2000 résidus. — Un résultat important de nos recherches sur les erreurs affectant en moyenne les occultations observées, c'est la correction Δr_0 déduite des équations (60), d'où résulte le demi-diamètre suivant :

$$r_0 = 15'32'',785 - 0.116\,\Delta\pi_0 \pm 0,023.$$

Dans la résolution de ces équations, la correction Δr_0 s'est séparée très nettement des autres inconnues α, α' ...: le demi-diamètre conclu ici est donc à peu près indépendant des valeurs numériques obtenues pour ces dernières. Ainsi, il paraît dépendre surtout de la loi adoptée dans la représentation des erreurs d'observations. A cet égard, il est bon de rappeler les hypothèses que nous avons admises et qui peuvent se résumer ainsi :

1° Pour le même phénomène I ou E et le même état O ou B d'éclairement du bord lunaire, les temps d'occultation notés sont, *en moyenne*, affectés d'erreurs variant *linéairement* avec la grandeur de l'étoile.

2° Ces erreurs sont nulles ou insensibles lorsque la grandeur de l'étoile est

$8^{gr},5$	par bord obscur,	immersions et émersions,
4,5	»	brillant, immersions,
3,5	»	brillant, émersions.

Dans ces conditions, et du moins en ce qui concerne la détermination du demi-diamètre de la Lune au moyen des occultations d'amas stellaires, la valeur obtenue ci-dessus résume les plus importantes discussions modernes. Nous ajouterons qu'elle repose exactement sur 1904 observations.

65. Le demi-diamètre moyen lunaire le plus probable déduit des occultations. La constante k : rayon linéaire de la Lune. — Nous rapprocherons de nos résultats ceux mentionnés :

1° Par *Küstner*, p. 355 de son Mémoire, en rejetant avec l'auteur les séries IV et VII manifestement discordantes;

2° Par *Struve*, p. 23 et 27 de son second Mémoire. Nous remarquerons ici que les déterminations distinctes du demi-diamètre et de la parallaxe lunaires, au moyen des occultations observées pendant l'éclipse de 1888 (13) sont, d'après Struve :

	Δr.	$\Delta\pi$.
Série I	−0,09	0,04
» II	+0,51	−0,04
» III	−0,53	−0,39
» IV	−1,12	1,69

A notre avis, la série IV qui se rapporte aux étoiles de grandeur $> 9,5$ paraît seule manifestement mauvaise; nous conserverons donc les séries II et III qui avaient été rejetées par Struve dans ses conclusions finales. On a alors, par l'ensemble de la première éclipse et des séries I, II, III de la seconde :

				Poids de Δr (1).
Éclipse de 1884.	I	$\Delta r = +0,263 - 0,248\,\Delta\pi$		108
»	»	II	$\Delta r = +0,076 + 0,255\,\Delta\pi$	74
»	»	III	$\Delta r = +0,163 + 0,300\,\Delta\pi$	92
»	1888.	I	$\Delta r = 0,102 \quad 0,256\,\Delta\pi$	141
»	»	II	$\Delta r = 0,496 \quad 0,80\,\Delta\pi$	141
»	»	III	$\Delta r = +0,439 - 0,235\,\Delta\pi$	222
Ensemble			$\Delta r = +0,263 - 0,057\,\Delta\pi$	738

3° Par *Battermann*, p. 32 de son Mémoire. Nous rejetons, avec l'auteur, les observations douteuses; ce résultat repose ainsi sur 174 très bonnes occultations isolées, presque exclusivement observées sur bord obscur et traitées par la méthode sommairement exposée au début de ce Travail (*Introduction*, p. 2).

4° Par *Peters*, p. 144 de son Mémoire. Il y a lieu de remarquer ici que la série V rejetée par Peters est précisément l'une de celles où l'inconnue Δr s'est séparée avec le coefficient le

(1) Ces poids n'ont pas été publiés par Struve; nous les avons calculés au moyen de la formule $p = \left[\frac{\varepsilon_0}{\varepsilon_r}\right]^2$ dans laquelle ε_0 représente l'erreur moyenne d'une équation et ε_r l'erreur moyenne de l'inconnue Δr.

plus fort; d'ailleurs, le fait que chacune de ces déterminations repose exclusivement sur un seul bord de la Lune justifie entre elles des divergences assez considérables (40). Nous conserverons donc cette série.

Les résultats des différents travaux que nous venons d'énumérer sont alors très concordants, comme le montre le Tableau suivant dans lequel nous les avons tous réduits à la même parallaxe : $\pi_0 = 57'2'',7$ (Newcomb).

Auteur.	Occultation.	r_0.	Réduction à $\pi_0 = 57'2'',70$ $h. \times \Delta\pi.$	r_0 adopté.	Poids (p).	Err. moy. de l'unité de poids.	Poids adoptés p'.
		15′		15′			
Küstner	De Pléiades.	32″,851	$-0,279 \times +0,12$	= 32″,818	309	±1″,04	12,4
Struve	Pendant 2 éclipses.	783	$-0,057 \times -0,43$	= 758	738	±1,40	12,5
Battermann .	Isolées	830	$0,000 \times$ »	= 830	18	±1,13	1,0
Peters.......	De Pléiades.	804	$+0,117 \times -0,43$	= 854	29	±1,15	1,7
Lagrula.....	De Pléiades.	810	$-0,034 \times 0,00$	= 810	56	±0,87	3,2
			$-0,132$	795			30,8

Erreur moyenne pour $p' = 1$: $\dfrac{\pm 1,13}{\sqrt{18}} = \pm 0,267$.

On obtient ainsi :

$$r_0 = 15'32'',795 \pm 0,048 - 0,132\,\Delta\pi_0.$$

D'autre part, nous avons trouvé par la discussion des résidus

$$r_0 = 15'32'',785 \pm 0,023 - 0,116\,\Delta\pi_0.$$

Nous conclurons donc finalement pour le demi-diamètre moyen lunaire le plus probable à notre époque :

$$r_0 = \mathbf{15'32'',79 \pm 0'',04 - 0,12\,\Delta\pi_0}.$$

Ce nombre repose sur les Tables de Hansen et la parallaxe de Newcomb. En adoptant comme parallaxe la valeur de Hansen $57'2'',27$, on aurait comme demi-diamètre moyen $r_0 = 15'32'',84$, c'est-à-dire presque exactement le nombre

15′32″,83 adopté par la *Connaissance des Temps* dans ses prédictions d'occultations.

Remarque. — Si nous adoptons les valeurs rondes suivantes du demi-diamètre et de la parallaxe

$$r_0 = 15'32''.8, \qquad \pi_0 = 57'2''.7,$$

et si nous posons

$$\sin r_0 = k \sin \pi_0,$$

formule dans laquelle k représente le rayon linéaire de la Lune exprimé en parties du rayon équatorial terrestre, on obtient

$$k = 0.272545, \qquad \log k = 9.435438.$$

66. **Le demi-diamètre lunaire déduit des mesures héliométriques et l'hypothèse d'une atmosphère lunaire.** — Étant donnée la grande supériorité de l'héliomètre sur les autres instruments de mesures quand il s'agit de grandes distances, il est intéressant, en ce qui concerne le diamètre de la Lune, de comparer les mesures héliométriques aux résultats obtenus au moyen des occultations. A cette fin nous avons réuni dans le Tableau suivant les déterminations les plus célèbres faites à l'héliomètre :

BESSEL, pendant l'éclipse totale de Lune du 2 sept. 1830	$r_0 =$	15.32,68	± 0,12
BESSEL, » » 26 déc. 1833	»	33,05	± 0,05
WICHMANN, pendant la pleine Lune du 1er juillet 1846	»	32,70	± 0,12
HARTWIG, par des observations de la libration......	»	32,82	± 0,06
HARTWIG, par des mesures directes................	»	32,75	± 0,05

Chacune des déterminations de Bessel (¹) résulte de la moyenne de six mesures faites à des intervalles de 30° suivant l'angle de position. Celle de Wichmann (²) repose sur trente-six me-

(¹) BESSEL, *Bemerkungen über eine angenommene Atmosphäre des Mondes* (*Astronomische Nachrichten*, 11, p. 411).

(²) WICHMANN, *Ueber den scheinbaren Durchmesser des Mondes* (*Astronomische Nachrichten*, 29, p. 1).

sures faites de 5° en 5° et réduites en tenant compte de la variation de phase.

Les résultats de Bessel et de Wichmann que nous mentionnons ici sont rapportés d'après Oudemans (*loc. cit.*, p. 14) aux Tables de Hansen; ils sont donc bien comparables à ceux résultant des recherches modernes d'Hartwig ([1]) sur la libration de la Lune.

Nous avons rejeté avec Oudemans deux mesures héliométriques faites par C.-A.-F. Peters ([2]) pendant l'éclipse totale du 6 janvier 1852; les conditions d'observation étaient tellement défavorables, la Lune étant seulement à 12° au-dessus de l'horizon, que ces mesures ont été déclarées douteuses par leur auteur.

La moyenne des nombres r_0 inscrits au Tableau précédent donne :

$$r_0 = 15'32'',80 \pm 0,04.$$

On obtient donc pour le demi-diamètre lunaire des valeurs sensiblement identiques, par les mesures directes effectuées à l'héliomètre et par les discussions d'occultations.

En ce qui concerne l'existence, si souvent controversée, d'une atmosphère à la surface de la Lune, cet accord constitue une preuve *négative* remarquable : en effet, vu les erreurs moyennes, $\pm 0'',04$, que comportent encore ces valeurs, il ne saurait exister entre elles un écart de plus de $0'',1$. Or cet écart fût-il réel, l'atmosphère lunaire qui en rendrait compte aurait, d'après M. Faye ([3]), une densité 80000 fois moindre que la nôtre.

67. Les résidus et leur utilisation pour l'étude physique des contrées lunaires voisines du bord. — Si l'on examine les

(1) HARTWIG, *Beitrag zur Bestimmung der physischen Libration des Mondes* (Carlsruhe, 1880).

(2) C.-A.-F. PETERS, *Beobachtung der Mondfinsterniss am 6ten Januar 1852 auf der Königsberger Sternwarte* (*Astronomische Nachrichten*, 34, p. 11).

(3) H. FAYE, *Cours d'Astronomie*, t. II, p. 343.

dernières colonnes des Tableaux p. 110 et suiv., on rencontre un assez grand nombre de séries de résidus dans lesquelles ils conservent le même signe, quoique les points coïncidants qui leur correspondent soient distribués dans des régions lunaires assez étendues en latitude. Les dénivellations générales assez importantes que ce fait semble indiquer (5) sur le contour de la Lune doivent s'étendre aussi en longitude et leur variation d'aspect doit, pour cette raison, échapper dans une certaine mesure à l'influence de la libration; il est donc permis de chercher à en contrôler la réalité par l'examen direct d'une image de la Lune obtenue à une époque quelconque. A cette fin, nous avons comparé ces résidus aux ondulations bien marquées que présente le limbe de notre satellite dans les belles cartes de l'*Atlas photographique* de MM. Lœwy et Puiseux ([1]).

Dans le relevé de ces ondulations, il importe de déterminer convenablement le niveau moyen du bord lunaire sur la Carte; on y arrive aisément en traçant sur du papier transparent, et avec le rayon correspondant à l'héliogravure, un cercle qu'on fixe sur le bord du disque, de telle façon qu'il y ait compensation entre les inégalités lunaires situées de part et d'autre de ce trait. Il est alors possible de mesurer, par rapport à ce niveau moyen, la hauteur ou la profondeur d'un point de latitude sélénographique donné.

En rejetant les étoiles de grandeur $g < 8,5$ (EO), $g < 3,5$ (EB), dont l'observation peut être entachée d'erreurs systématiques (59), voici, pour le bord occidental de la Lune, la comparaison individuelle de nos résidus aux écarts ainsi mesurés directement sur la Carte (*Atlas photographique, Pl. XII* et *Pl. XXI*).

([1]) Lœwy et Puiseux, *Héliogravures d'après des agrandissements sur verre de clichés photographiques* (*Atlas photographique de la Lune, publié par l'Observatoire de Paris*).

TABLEAU I.

Bord Ouest.

Latitude.	Résidus.	Écarts mesurés.	Latitude.	Résidus.	Écarts mesurés.
°	″	″	°	″	″
—75	+0,9	—1,8	— 5	—0,3	—2,4
—66	+0,5	—0,3	— 4	—0,4	—2,7
—53	—0,1	—1,2	— 3	—0,8	—2,8
—50	0,0	0,0	0	—1,0	—2,1
—48	—0,4	—1,3	+ 1	—1,2	—2,5
—42	—1,1	—0,9	+ 1	1,8	—2,5
—37	—0,5	—1,6	+ 2	—0,9	—1,5
—36	—0,6	—1,3	+ 4	—1,2	+0,1
—33	—0,1	—0,7	+ 6	—0,3	+0,1
—32	—1,7	—0,6	+ 7	+0,2	+0,2
—31	—0,6	0,0	+ 8	—0,3	—0,6
—28	+0,9	+0,2	+11	0,2	—0,2
—26	—1,0	—0,9	+12	—0,4	—0,1
—22	—0,2	—0,6	+13	—0,2	—0,3
—20	+2,0	+1,5	+16	+2,0	—0,3
—20	0,6	+1,5	+32	+0,3	″
—18	+0,8	+0,8	+43	+1,3	″
—13	+0,3	+0,9	+49	—0,5	″
—11	+0,9	0,2	+53	—0,6	″
—10	—0,2	—0,5	+55	—1,7	″
— 9	+1,7	—0,9			

Les ondulations les mieux caractérisées du bord lunaire dans les Cartes de MM. Lœwy et Puiseux sont les suivantes :

Pl. XVI. — Une dépression qui s'étend en latitude de + 3° à — 10° et qui atteint sa profondeur maxima au voisinage de l'équateur, environ à la même latitude que le petit cratère Maclaurin. On l'aperçoit très bien sur la Carte parce qu'elle commence et finit assez brusquement. En continuant à suivre le limbe dans le sens N — S le niveau de la Lune se relève entre + 10° et — 30° et l'on rencontre des sommets bien marqués vers les latitudes — 13° (Ansgarius) et — 19° (Hecataüs).

Pl. XII. — Entre les latitudes — 32° et — 42° on constate

encore une grande dépression, qui atteint son maximum à peu près à la latitude (— 34°) de l'extrémité N du cratère Furnerius. A première vue, cette ondulation paraît moins nettement que les précédentes, parce qu'elle se rattache insensiblement au reste du contour; mais on la met très bien en évidence par le procédé graphique indiqué précédemment. Enfin nous mentionnerons un massif montagneux assez élevé en face des cratères Boussingault (— 74° à — 78°).

Recherchons maintenant dans le Tableau I les résidus correspondant aux régions de la Carte où l'on vient de signaler les points de hauteur ou de profondeur maxima; on obtient la comparaison suivante :

A la latitude de	Limites.		Nombre d'observations.	Résidu.	Niveau mesuré.
Maclaurin........	+ 1°	— 3°	4	—1″,20	—2″,47
Ansgarius........	—11	—13	2	+0,65	+0,55
Hecataüs.........	—18	—20	3	+0,73	—1,27
Furnerius........	—32	—36	3	—0,80	—1,20
Boussingault.....	—75		1	—0,90	+1,80

Ainsi les variations de niveau observées sur la Carte se retrouvent avec le même signe au moyen des résidus; d'ailleurs, cette concordance assez générale des signes apparaît encore davantage dans les groupements moyens suivants :

TABLEAU II. — *Dénivellations moyennes.*
Bord Ouest (émersions).

Limites en latitude.	Nombre d'observations.	Résidu moyen.	Écart mesuré moyen.
+55° à +49°	3	—0″,93	″
+43 à +16	3	—1,20	″
+13 à + 7	5	—0,06	+0,04
+ 6 à + 1	5	—1,08	—1,26
— 0 à — 5	4	—0,63	—2,50
— 9 à —18	5	+0,78	+0,30
—20 à —28	5	+0,70	+0,94
—31 à —37	5	—0,70	—1,04
—42 à —53	4	—0,20	—0,85
—66 à —75	2	+0,70	+1,05

En ce qui concerne la valeur absolue des nombres comparés (Tableau I), nous ferons observer qu'il existe différentes causes pouvant altérer leur accord individuel :

Tout d'abord on a vu que chaque résidu résulte en partie des erreurs accidentelles que comportent l'observation du phénomène d'occultation et la position de l'étoile occultée.

D'un autre côté, le procédé employé pour relever sur la Carte les différences au niveau moyen n'est qu'approximatif; nous estimons à $\pm 0'',4$ l'erreur moyenne accidentelle de ces mesures.

Enfin la libration géocentrique (1) et la libration diurne peuvent amener sur le bord du disque lunaire des points de cet astre qui en seraient distants de

$0'',14$	pour une variation de	1°	de libration en longitude
$0,57$	»	2	»
$1,28$	»	3	»

Or, malgré toutes ces causes de divergence, les dénivellations moyennes accusées par les résidus se présentent (Tableau II) avec le même signe que celles constatées par la photographie et le plus souvent avec une grandeur comparable ; elles semblent donc devoir être prises en considération.

Une discussion analogue concernant le bord oriental de la Lune serait tout aussi intéressante ; malheureusement les agrandissements photographiques de ce bord n'ont pas encore été publiés, et l'on ne peut actuellement que donner les résultats

(1) En voici, d'après les Tables de Marth, les différentes valeurs se rapportant à cette discussion.

		Temps moyen de Paris.	Longitude sélénographique de la Terre.	Latitude sélénographique de la Terre.
		h	°	°
Occultation	Série I........	1897 juillet 23 à 13.1	+0.24	−6.20
	» II.......	1897 octobre 13 à 14.1	+0.17	−5.51
	» III......	1898 janvier 3 à 9.0	+2.29	−5.49
Atlas phot., *Pl. XII* et *XIV*.		1897 mars 7 à 6.5	0.95	6.35

d'occultation. Voici les irrégularités moyennes de ce limbe, basées sur les résidus relatifs aux étoiles de grandeur $g < 8,5$ (IO), $g < 4,5$ (IB).

Tableau III. — *Dénivellations moyennes.*
Bord Est (immersions).

Limite en latitude.	Nombre d'observations.	Résidu moyen.
+84° à +74°	3	+0″,60
+62 à +51	4	+0,40
+47 à +40	2	−1,10
+39 à +30	7	+0,46
+28 à +24	6	−0,28
+19 à +15	7	+0,11
+14 à + 7	7	+0,30
+ 6 à + 2	6	+0,27
− 2 à − 6	4	−0,38
− 8 à −12	4	+0,53
−16 à −19	4	−1,05
−22 à −26	6	−0,38
−29 à −31	4	+0,83
−33 à −33	3	−0,43
−37 à −45	6	+0,43
−46 à −50	5	1,02
−58 à −69	5	−0,22

Dès que l'on disposera d'un plus grand nombre d'observations ainsi discutées, on sera en mesure de procéder à une recherche systématique plus minutieuse des irrégularités physiques du contour de la Lune. A l'importance qu'auraient en eux-mêmes les résultats d'une telle recherche, il faut ajouter l'application (5) qu'on en doit faire dans la réduction des occultations isolées; à cet égard, les occultations d'amas semblent devoir fournir des données plus précises que celles résultant de l'examen direct de dessins, Cartes ou photographies de notre satellite.

En effet, tout d'abord, les résidus des bonnes observations d'occultations permettraient de déceler, sur le bord de la Lune, de petits détails isolés (pics, fissures) pouvant échapper au pouvoir séparateur de l'objectif employé dans la méthode directe. D'un autre côté, à cause de la libration, quand on cherche à retrouver un point coïncidant sur une Carte de la Lune, si ce point est situé dans l'hémisphère invisible son identification avec un accident sélénographique est impossible, et, dans le cas contraire, elle reste encore très difficile à cause de la multiplicité des objets qui, par un effet de perspective, tendent à se superposer dans les régions voisines du limbe.

Ainsi, dans la discussion des occultations d'amas, les résidus constituent des documents précieux pour l'étude des irrégularités physiques du bord de la Lune, et cela justifie suffisamment le soin que nous avons pris de calculer, pour chaque observation, la position sélénographique exacte du point coïncidant et la plus grande somme de précision possible que nous avons cherché à attacher, par le Catalogue des Pléiades, aux positions des étoiles.

68. **Résumé général.** — Nous rappellerons brièvement ici les principales contributions astronomiques qui résultent de ce Mémoire.

1° Un *Catalogue normal des Pléiades* d'après l'ensemble des mesures différentielles exécutées jusqu'à notre époque.

Ce Catalogue comprend la position, précession, variation séculaire de 103 étoiles et le mouvement propre de 71 d'entre elles. Les erreurs systématiques de certaines mesures ont été soigneusement recherchées et éliminées, et les poids calculés rationnellement.

2° La détermination des *erreurs systématiques moyennes dans les observations d'occultation*.

Les résultats numériques (60) déduits d'une étude générale des résidus démontrent que ces erreurs, qui, dans tous les cas, tendent à augmenter le demi-diamètre de la Lune, sont plus grandes à l'émersion qu'à l'immersion, augmentent avec la grandeur de l'étoile et diminuent avec l'éclairement du bord observé.

3° La *discussion de trois séries d'occultations des Pléiades* comprenant 170 phénomènes, dont 90 observés à Lyon.

Dans l'exposé de la méthode de réduction, on a introduit l'inconnue $\Delta\theta$ (correction moyenne des temps d'observation) que l'on néglige habituellement dans la formation des équations de condition, et l'on a fait une importante remarque théorique au sujet du degré de séparabilité des inconnues.

Pour la première fois, dans la résolution de ces équations, on a attribué un poids différent aux occultations observées sur bord obscur et sur bord brillant, et l'on a corrigé, des erreurs systématiques signalées plus haut, les résultats de cette discussion : demi-diamètre, parallaxe et positions de la Lune.

4° Une discussion générale des résultats actuellement acquis sur le *demi-diamètre d'occultation*.

A ce sujet, on a signalé la concordance presque absolue des valeurs du demi-diamètre, déduites des occultations et des mesures héliométriques.

5° Enfin, pour la première fois, on a calculé la *position sélénographique des points coïncidants*.

La méthode de réduction indiquée permet, par l'emploi des Tables de Marth, de profiter, en partie, des calculs effectués dans la formation des équations de condition. L'utilité de ce calcul ressort de la comparaison de nos résidus aux variations de niveau accusées sur le limbe de la Lune dans les Cartes photographiques de MM. Lœwy et Puiseux.

En terminant qu'il me soit permis de présenter, à mon honoré maître M. Ch. André, l'hommage de ma profonde reconnaissance pour les conseils si éclairés qu'il m'a prodigués au cours de ce travail.

Vu et approuvé :

LE PRÉSIDENT DE LA THÈSE,

CH. ANDRÉ.

Vu et approuvé :

LE DOYEN DE LA FACULTÉ,

DEPÉRET.

Vu et permis d'imprimer :

Lyon, le 1er juillet 1900.

Pour le Recteur.

LE VICE-PRÉSIDENT DU CONSEIL DE L'UNIVERSITÉ,

E. CAILLEMER.

SECONDE THÈSE.

PROPOSITION DONNÉE PAR LA FACULTÉ.

Étude du mouvement de rotation des corps célestes par la méthode de la variation des constantes arbitraires.

TABLE DES MATIÈRES.

INTRODUCTION.

PREMIÈRE PARTIE.

LES OCCULTATIONS DE GROUPES D'ÉTOILES PAR LA LUNE.

Chapitre I. — *Généralités.*

Chapitre II. — *Historique.*

DEUXIÈME PARTIE.

CATALOGUE NORMAL DIFFÉRENTIEL DES PLÉIADES.

CHAPITRE I. — *Documents. Erreurs systématiques.*

CHAPITRE II. — *Corrections d'origine. Poids relatifs des mesures. Équations de condition.*

CHAPITRE III. — *Catalogue.*

TROISIÈME PARTIE.

DISCUSSION DES OCCULTATIONS DE GROUPES D'ÉTOILES PAR LA LUNE.

CHAPITRE I. — *Méthode de réduction.*

CHAPITRE II. — *Coordonnées sélénographiques du point coïncidant.*

CHAPITRE III. — *Discussion de 3 occultations des Pléiades.*

CHAPITRE IV. — *Recherche des erreurs Δθ dans les observations d'occultations.*

CHAPITRE V. — *Conclusions.*

DEUXIÈME THÈSE.

PROPOSITION DONNÉE PAR LA FACULTÉ.

29436 Paris. — Imprimerie GAUTHIER-VILLARS, quai des Grands-Augustins, 55.

www.ingramcontent.com/pod-product-compliance
Ingram Content Group UK Ltd.
Pitfield, Milton Keynes, MK11 3LW, UK
UKHW020307180726
13839UKWH00001B/396